엄마 아빠를
행복하게 만드는
아이들

엄마 아빠를 행복하게 만드는 아이들

지은이 ㅣ 김상복
그린이 ㅣ 김혜정

1판 1쇄 발행 ㅣ 2006. 10. 1
1판 3쇄 발행 ㅣ 2006. 10. 19

펴낸이 ㅣ 김영곤
펴낸곳 ㅣ (주)북이십일_21세기북스
책임편집 ㅣ 오원실
기획편집 ㅣ 이상우, 정원지
영업마케팅 ㅣ 정성진, 안경찬, 최창규, 이희영, 유정희
본문디자인 ㅣ 김정인
표지디자인 ㅣ 양설희

등록번호 ㅣ 제10-1965호
등록일자 ㅣ 2000. 5. 6

주소 ㅣ 경기도 파주시 교하읍 문발리 파주출판문화정보산업단지 518-3(413-756)
전화 ㅣ 031-955-2100(대표)
팩스 ㅣ 031-955-2151(대표)
이메일 ㅣ book21@book21.co.kr
홈페이지 ㅣ http://www.book21.co.kr

값 10,000원
ISBN 89-509-0936-7 03590

엄마 아빠를 행복하게 만드는 아이들

21세기북스

나는 '15년간 영어 교사, 5년간 도덕 교사' 라는 다소 특이한 이력을 가진 중학교 선생이다. 이 시간의 경계는 나의 직업적 경력뿐 아니라 우리 가정의 역사에도, 내 자신의 인생에도 중요한 의미를 지니는 구획선이다. 이 터닝 포인트를 만든 것이 바로, 이 책을 통해 말하고 싶은 '칭찬' 이다.

어린 시절, 나는 그리 다복하지 못한 가정에서 성장했다. 부모님의 불협화음은 나를 가난과 외로움 속으로 밀어 넣었다. 가정의 따뜻함을 모르고 자란 나는 집에서나 학교에서 그저 엄격한 아버지요 무서운 선생님이었다. 아내에게도 마찬가지였다. 아내는 끝없이 부드럽고 헌신적인 사람이었지만, 나는 그 마음속 깊은 곳을 볼 줄 몰랐다. 조용히 집안을 이끌어 주는 것이 고마울

뿐, 나는 그 모든 것을 당연한 것으로 받아들이고 있었다.

그러던 5년 전, 부전공 연수를 통해 도덕 교사로 새로이 발령을 받으면서 나는 칭찬과 운명적으로 조우하게 되었다. 도덕 교사로서의 새로운 시작과 칭찬과의 만남이라는 두 가지 변화가 교묘히 겹치면서, 거대한 소용돌이가 휘몰아치다 나간 것처럼, 나의 가정과 인생은 완전히 달라졌다. 이 순간 돌이켜 생각해 보니, 지난 5년간은 내 발로 걸어온 것이 아니라 알 수 없는 절대적인 힘이 나를 이끌어 온 시간인 것만 같다.

칭찬과의 첫 만남은 아내의 제안으로 시작한 가정치유 프로그램에서 이루어졌다. 이때 경험한 칭찬의 위력은 조용하지만 엄청난 것이었다. 칭찬은 나와 우리 가정을 변화시켰고, 내가 가르치는 학생과 그들의 가정을 변화시켰다. 아내의 행동 하나하나가 예뻐 보이기 시작했고, 셀 수 없이 많은 장점들이 눈에 들어왔다. 생활은 감사로 가득 차고 내 얼굴에는 전에 없이 편안한 미소가 생겨났다. 부족하기만 했던 아버지로서의 삶, 교사로서의 지난 삶을 돌아보며 반성의 눈물을 흘리기도 수차례였다.

더 큰 변화는 학교에 칭찬수업을 도입하면서 찾아왔다. 수행평가를 통해 아이들에게 부모를 칭찬하게 하면서 나도 아이들도 눈에 띄게 달라져 갔다. 부모를 칭찬하기 위해 아이들은 부모에게 관심을 기울이고 세심하게 관찰하기 시작했다. 그리고 작은 장점이라도 눈에 띌라치면 하나하나 칭찬했다. 그러나 칭찬수업은 단순히 부모를 칭찬하는 것이 아니라, 칭찬을 통해 즐거운 가정 분위기를 만들고, 부모를 칭찬하면서 달라지는 자기 자신을 깨닫는 데 있다. 아이들은 스스로 부모님의 사랑과 감사를 느끼게 되고, 자신의 역할과 존재의 가치를 깨닫게 되었다. 그러면서 가족관계 사이사이에 자리하고 있던 상처들이 하나하나 치유되어 갔다.

칭찬의 위력에 대해서는 익히 들어서 많이들 알고 있을 것이다. 그러나 생활 속에서 실천하기란 그리 쉬운 일이 아니다. 가볍게 생각해 보면 칭찬처럼 쉬운 일도 없다. 그저 입 한 번 벙긋해 상대가 듣기 좋은 말 한마디 툭 던져 주는 것만으로도 충분할 것 같다. 그러나 막상 생활 속에서 실천하자면 칭찬은 그리 만만한 놈이 아니다. 칭찬은 타인 앞에서 나를 낮추는 일이고, 타인의 장점을 찾아내기 위해 시간과 관심을 갖고 들여다보아야 가능하기 때문이다. 그래서 칭찬에도 공부가 필요하고 연습이 필요하다.

　이 책에는 내가 아이들과 함께 진행해 온 칭찬수업의 과정과 다양한 사례들이 자세히 담겨 있다. 가정 내에서 부모의 지도로 이 수업을 응용해 보면 어떨까 하는 마음에, 두서없지만 칭찬과 칭찬수업에 관한 경험들을 정리해 본 것이다.

　생각을 바꾸는 그 순간 칭찬이 시작되고, 칭찬이 시작되는 바로 그 순간 가정은 완전히 달라진다. 처음에는 다소 어색하고 쑥스러울 수도 있지만, 그건 아무것도 아니다. 우리 아이의 마음을 어루만지고 해묵은 가정의 상처를 치유할 수만 있다면 제 아무리 쓴 약이라도 달콤할 것이기 때문이다. 하물며 칭찬처럼 달콤하고 상쾌하고 기분 좋은 약이라면 하루에 수십 번을 먹는다 해도 즐거울 일이다. 칭찬하자! 하루에도 수십 번 내 아이를 칭찬하고, 남편을 칭찬하고, 아내를 칭찬하자. 그러다 보면 아이들도 자연스레 부모를 칭찬하게 될 것이고, 또 학교에 갔다 돌아올 때면 선생님과 친구들의 칭찬을 묻혀 들어올 것이다. 대한민국 모든 가정이 행복한 칭찬 패밀리가 될 때까지 나 역시 칭찬수업을 계속해 나갈 것이다.

저자 김상복

인간은 사회적인 존재다. 즉, 사람은 누구나 타인과의 관계 속에서 살아가야 한다는 뜻이다. 그중에서도 가장 특별한 관계가 바로 가족관계다. 그러나 가장 가까운 거리에서, 같은 공간에서 살다보면 서로의 경계선을 침범하는 수가 있고, 그래서 마음이 상하고 상처를 입기도 한다. 가장 큰 상처의 원인은 바로 '무시'다. 가족 중 누군가 나를 무시한다는 느낌이 드는 것처럼 비참하고 괴로운 일도 없다. 이 지독한 상처를 치유할 수 있는 가장 좋은 약이 바로 '칭찬'이다.

김상복 선생님의 '칭찬일기'는 참으로 신선한 충격이었다. 아버지학교를 통해 아버지가 아내와 자녀들을 칭찬해 주면 어떤 일이 일어나는지는 수없이 많이 경험했지만, 자녀의 칭찬이 부모를 변화시키고 가족을 변화시킨다는 놀라운 사실을 접하고 가슴이 뛰었다. 칭찬을 경험한 어떤 아이는 이렇게 고백하고 있다.

"부모님께 말 한마디라도 잘 해 드리는 것이 효도라는 것을 배우고 있다. 칭찬을 하다 보니 부모님도 어느새 나의 칭찬 속에 들어와서 살고 계셨다."

칭찬은 '이 세상에서 살아가는 모든 사람들에게 내려진 하늘의 명령이며, 이 아름다운 세상에서 살아가는 인간의 당연한 본분'이라고 저자는 말하고 있다. 또 '자녀가 던진 위로의 말 한마디가 힘들게 살아온 지난 고생을 다 잊어버리게 하고 의미 있는 삶으로 방향을 전환하게 만든다'며 칭찬을 인생역전을 만들어 내는 '로또'에 비유하고 있다.

가족 간의 사랑을 되찾고, 어제보다 따뜻한 가정을 만들고 싶어 고민하고 있다면, 이 책을 읽고 그대로 따라해 보기를 권한다. 어느 덧 내가 변하고, 우리 가족이 변하고, 내가 속한 공동체가 변하고 있음을 느끼게 될 것이다. 성장과 성숙을 향한 가장 손쉽고 값진 시도, 그것이 바로 칭찬인 것이다. 보다 많은 사람들이 이 책을 읽어 우리가 속하고 만나는 모든 공동체가 칭찬으로 물들기를 바란다.

두란노아버지학교 국제운동본부장 김성묵

●CONTENTS

Part.1

내 인생을 바꾼
두 달 간의 칭찬 숙제

칭찬은 하는 사람이나 듣는 사람 모두를 즐겁고 행복하게 만든다.
하지만 나는 참으로 오랫동안 우리 가족의 예쁜 점,
고마운 점을 표현하는 데 너툴렀다.
그러던 어느 날,
그동안 나의 시선이 나 자신에게만 쏠려 있었고
가족의 고마움과 사랑을 돌보는 데
너무 소홀했음을 깨닫게 되었다.

관심과 이해를 비추는 등불, 칭찬

이 세상은 창조되는 순간, 조물주로부터 '보기에 좋다'는 칭찬을 들었다. 세상은 칭찬과 함께 창조되었고 칭찬과 함께 아름다워진 것이다. 사람 역시 칭찬을 먹고 사는 동물로 창조된 셈이다. 조물주가 세상을 창조하며 원했던 것이 바로 서로 칭찬하며 아름답게 살아가는 모습이었다고 해도 크게 틀리지 않으리라. 그래서 인간은 칭찬을 들으며 성장해야 건강한 신체와 영혼을 갖고 설 수 있는 것이다. 하지만 귀한 가치라고 해서 모두가 알아보고 귀히 여기는 것은 아니듯, 내가 칭찬을 경험하고 생활 속에서 실천하게 된 것은 그리 오래된 일이 아니다. 그러나 그 이후의 시간은 나를 완전히 바꿔 놓았다.

중학교에서 도덕을 가르치고 있는 나는 5년 전까지만 해도 그저 평범한 영어 교사였다. 교사로서의 사명이나 보람에 대해서는 생각할 겨를도 없었고, 오히려 스스로의 한계에 갇혀 고민하고 있었다. 수업시간에는 단계별 성취목표 때문에 아이들을 바삐 몰아가야 하고, 수업을 전후해서는 예습과 복습으로 아이들을 옭아매야 했다. 아이들이 따라오지 못하면 벌을 주고 책망하기도 했다. 나는 학교 선생님들 중에서도 '무서운 선생님' 쪽에 속했다. 그 와중에도 영어를 잘하는 아이들은 이미 학원이나 개인지도로 한참 앞서 있으니 새로운 가르침에 대한 신선함이 없고, 나 역시 나라에서 요구하는 실력 있는 영어 교사는 못 되었다. 새로운 교육방침이 하달되면서 영어수업 자체를 영어로 진행해야 했는데, 아이들 편에서는 수업을 알아들을 수 없으니 답답하고, 나는 나대로 현지에서 영어를 공부하고 온 젊고 실력 있는 교사들에 비해 힘에 부칠 수밖에 없었다.

그때 마련된 계기가 바로 도덕 교과 부전공 연수였다. 나는 원래 신학을 공부하고 싶었지만 사립대학의 학비를 감당할 수 없어 사범대학을 선택해야 했고, 영어와 철학을 공부했다. 당시 전공이었던 영어보다는 부전공인 철학에 관심이 많았던 나는 기쁜 마음으로 부전공 교육을 신청했다. 그렇게 늦깎이로 도덕 교사 자격증을 얻게 되었고, 15년간의 영어 교사 생활을 마감하고 도덕 교사로 발령을 받게 되었다. 도덕 교사로 처음 발령을 받아 수업에 들어가는데 얼마나 좋던지, 그때의 기분이 아직도 기억에 생생하다. 실제로도 도덕 수업은 내게 보람과 재미와 감동을 전해 주었다. 그러다 보니 아이들을 대하는 태도도 달라질 수밖에 없었다. 성취목표에 대한 부담이 적다 보니 수업을 즐겁게 진행할 수 있었고, 인성 교육에 많은 시간을 할애할 수 있어 아이들의 변화와 성장을 눈여겨 바라볼 수 있었다.

부부관계를 바꿔 준 칭찬과의 만남

그 즈음은 가정적으로도 변화의 조짐이 일고 있었다. 학교에서 교무부장을 맡아 수업과 교무에 경황이 없던 나는 전혀 집안일이나 가족을 돌볼 여력이 없었고, 설령 마음이 있다고 하더라도 방법도 잘 몰랐다. 부모님의 불화와 경제적인 어려움 속에서 성장기를 보낸 나는 제대로 된 가장의 역할을 학습할 기회를 갖지 못했다. 또 아내와 결혼해 새로운 가정을 꾸린 뒤에도 바로 큰아이가 생겼고, 아내는 해산 직후부터 조부모님을 모셔야 했다. 부모님과의 관계도 매끄럽지 않았던 내가 갑자기 건강도 안 좋은 조부모님을 모시고 산다는 것은 쉬운 일이 아니었다. 하물며 아내 입장에서야 오죽했겠는가. 하지만 나는 이것저것 배운다고 밖으로만 나돌고, 집안일이며 어른들 모시는 일, 아이를 기르는 일까지 전부 아내 혼자서 도맡아야 했다.

그렇게 훌쩍 시간을 보내고 나니 큰아이는 벌써 중학교에 진학할 때가 되었고, 아내는 몸과 마음이 멍들어 있었다. 또 그 사이에 태어난 둘째 아이 역시 엄마 아빠의 손길을 충분히 받지 못하고 있었다. 이제 다 자라 대학생이 된 두 아들은 그때를 돌이키면서도 '크게 아쉬운 점은 없었다'고 부모의 마음을 위로해 준다. 하지만 집안일이며 아이들 모두를 아내에게만 맡겨 놓고 돌보지 못한 시간들이 지금에 와서는 그렇게 미안하고 후회스러울 수가 없다.

이렇게 아쉬움과 미안함으로 키운 아이들이 대학에 진학하고 유학을 떠나면서 우리 부부는 20여 년 만에 드디어 둘만의 가정을 되찾게 되었다. 하지만 내 마음은 쉽사리 가정에 안착하지 못했다. 아직도 일을 핑계로 밖에서 보내는 시간이 많았고, 우리 부부가 나누는 대화라고는 식사 시간에 잠깐 그날의 일과 내일 해야 할 일 등에 대한 간단한 정보를 주고받는 것이 고작이었다. 그나마 함께 교회에 다니고 기도를 드리는 시간이 두 사람의 마음을 이어주는 유일한 통로였다.

먼저 변화를 시도한 것은 아내였다. 아내는 인천 한국가정치유상담연구원에서 실시하는 '부부행복학교'에 함께 다녀 볼 것을 권했다. 그때만 해도 나는 오랫동안 고생만 해온 아내의 청을 무시하기가 미안해 어쩔 수 없이 제의를 수락했었다. 하지만 부부행복학교에 입학해서 공부한 것은 내 인생과 우리 부부관계를 바꿔 준 소중한 계기로, 이후 칭찬일기 프로그램의 모태가 되었다. 여기서 공부하면서 받은 숙제 중의 하나가 '부부간에 하루 한 가지씩 칭찬하기'였던 것이다.

숙제는 생각보다 어려웠다. 처음에는 그냥 칭찬 한마디 하면 되는데, 뭐가 어려울까 하고 생각했는데, 아내를 칭찬하려니 전에 없이 유심히 아내를 관찰해야 했다. 칭찬이란 게 그저 입에 발린 달콤한 말을 내뱉기만 하면 되는 것이 아니라는 것을 깨달았다. 그때부터 나는 아내의 삶을 더 깊이 바라보게 되었다. 그러다 보니 전에 알지 못한 점을 알게 되었고, 전에 느껴 보지 못한 감정들을 느끼게 되었다. 나를 힘들게 했던 아내의 꼼꼼함이 부지런함으로 보이기 시작했고, 세상과 타협하지 않는 아내의 고지식하고 답답한 성격이 순수함과 신념으로 보이기 시작했다. 당연하게 여겼던 아내의 미소를 칭찬하게 되었고, 아내의 존재

자체를 감사하게 되었다.

　나 역시 남편은 아내의 칭찬을 먹고 산다는 것을 온몸으로 깨닫게 되었다. 아내의 칭찬이 숙제 때문이라는 것을 알면서도 아내의 칭찬 한마디 때문에 남편으로서의 자존감이 살아나곤 했다. 대화의 분위기도 많이 달라졌다. 밋밋하기만 했던 두 사람의 대화 속에 칭찬이 둥지를 틀면서 대화의 질이 달라지기 시작했다. 비록 숙제를 위한 '억지칭찬'이었지만 이때 주고받은 칭찬은 둘이었던 우리 부부를 하나로 묶는 좋은 끈이 되어 주었다.

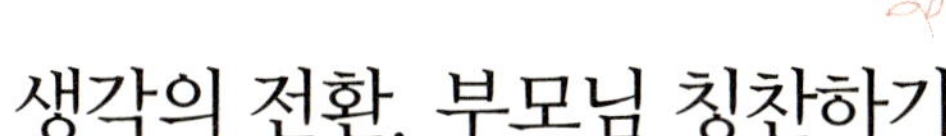

생각의 전환, 부모님 칭찬하기

그러나 '칭찬'이 내 생활 속으로 들어온 것은 개인적인 경험과 변화일 뿐, 이를 학생들에게 적용해 보자는 데는 아직 생각이 미치지 못하고 있었다. 그때 마침 신문에서 영훈고등학교 최관하 선생님의 글을 읽게 되었는데, 최 선생님의 글과 교육철학은 내가 '칭찬을 통한 가정 되살리기'에 관심을 갖게 된 도화선이 되었다.

교육 현장에서 칭찬이 얼마나 위대한 힘을 발휘하는지는 잘 알고 있었지만, 그동안에는 아이들의 행동 교정이나 자신감, 동기부여 등에 단편적으로 활용하는 정도가 전부였다.

칭찬을 통한 가정 살리기

최관하 선생님은 아이들에게 아버지의 좋은 점을 스무 가지씩 찾아내서 적고 이것을 아버지 앞에서 낭독하게 하는 숙제를 내 가정 회복에 크게 기여하고 있었다. 그 글 속에서 아이들은 아버지의 삶의 편린들을 자랑으로 연결시키려고 애쓰고 있었다. 큰 자랑거리는 아니지만 장점으로 인정하고 받아들이고 싶어 하는 아이들의 고민이 역력히 드러나 있었다. 부정적인 아버지의 모습을 지우고 긍정적인 아버지의 모습을 가슴속에 새기면서 아이들 자신이 먼저 달라진다는 내용이었다.

최관하 선생님의 교육 내용은 내게 큰 자극을 주었다. 칭찬 교육을 통해 행복하고 건강한 가정을 만드는 데 조금이라도 힘을 보태고 싶다는 의욕이 생겼다. 지금껏 해 오던 일회성 칭찬보다는 지속적인 칭찬 훈련을 시도함으로써 아이들이 칭찬을 생활화할 수 있도록 하고 싶다는 데 마음이 닿았다.

아이들이 가정에 온전히 마음을 담지 못하고 겉돌거나 부모와 트러블을 겪는 것은 대부분 부모의 마음을 이해하지 못하거나 서로에 대한 사랑과 관심을 표현하는 방법을 잘 몰라서다. 아이들이 부모의 마음을 이해할 수만 있다면 웬만한 부모의 행동은 이해할 수 있을 것이고, 부모에 대한 아이들의 언행에 변화가 생길 수밖에 없다. 그에 대한 접근법으로 생각해 낸 것이 바로 '부모님 칭찬하기'를 중심으로 한 칭찬수업이었다.

칭찬수업에 앞서 아이들의 생각을 조사해 보았더니, 아이들이 부모님께 원하는 것은 두 가지로 압축되었다. 그중 하나는 "나의 행동이 부모님의 기대에 미치지 못해도 잘할 것이라고 믿고 좀 기다려 달라"는 것이고, 다른 하나는 "부모님으로부터 칭찬을 듣고 싶다"는 것이었다. 하지만 모든 부모를 찾아다니며 '지금 아이가 이런 생각을 하고 있다'고 얘기해 줄 수는 없는 노릇이었다.

"여러분의 부모님도 분명히 여러분을 칭찬하며 키우고 싶어 하실 거야. 하지만 어떻게 말해야 좋을지 몰라서 못 하시는 거지. 그러니까 우리가 먼저 부모님을 칭찬하고 부모님의 마음을 헤아려 보자. 그러면 분명히 부모님으로부터 무언가 반응이 있을 거야."

아이들 대부분이 칭찬 자체에 익숙지 않다 보니 지속적인 격려와 용기를 불어넣어 주는 것이 급선무였다. 대부분의 사람이 그렇다. 자녀가 부모님을 칭찬한다고 하면 처음 듣는 사람들은 "감히 어떻게 자녀가 부모님을 칭찬한단 말인가? 부모님께 아부를 하라는 말인가? 부모 앞에서 마음에도 없는 가식적인 말을 하라는 것인가?" 하면서 다소 거부감을 느끼게 된다. 하물며 성장기 청소년들이야……. 처음에는 우리 아이들도 얼마나 쑥스러워

하는지 모른다. 그러나 시간이 흐르고 칭찬의 횟수가 늘어나면서 아이들의 가슴속에 차츰 칭찬에 대한 자신감이 생기기 시작한다. 칭찬에 대한 크고 작은 보람을 느끼기 시작하고, 멀게만 느껴졌던 부모님이 어느덧 가까이 다가와 계신 것을 알게 되는 것이다. 그 다음부터는 자연스럽게 칭찬의 즐거움과 재미를 알게 된다. 상당수의 아이들이 과제가 끝난 뒤에도 칭찬을 계속해 나가는 이유는 바로 이런 것이다.

교사로서의 사명감으로 공개수업 진행

도덕 교사로서 첫 부임을 한 2002년, 2학기를 맞이하면서 나는 본격적인 칭찬수업을 준비했다. 당시 인천 구월여중에서 교편을 잡고 있던 나는 아이들에게 칭찬과제를 내주고 과제가 마무리된 뒤 부모님을 초청해 공개수업을 진행했다. 칭찬수업 자체도 그랬지만, 공개수업은 생각보다 큰 반향을 불러일으켰다. 칭찬을 통해 부모와 아이들은 마음을 여는 법을 배우게 되었고, 서로 마음을 표현한 편지를 주고받으며 눈물을 흘렸다. 수업을 참관하러 왔던 아내조차 감동의 눈물을 흘리며 내가 비로소 교사로서의 소임을 찾은 것 같다며 감사했다.

이후 검단중학교로 부임하면서 나는 칭찬수업에 더 큰 정성을 기울였다. 학교 수업을 통해 가정회복을 도모할 수만 있다면 그처럼 감사하고 소중한 일도 없다는 생각을 경험으로 확인했기 때문이었다. 부모님 칭찬하기 숙제를 안정적으로 이끌어 가는 한편, 학부모 공개수업을 다채롭게 이끌어 가기 위해서도 노력했다. 부모님과 함께하는 공개수업은 그간의 칭찬수업을 완성해 주고, 아이들에게 감사와 감동을 경험하게 함으로써 가정회복에 한 걸음 다가갈 수 있게 해주는 계기가 되었다.

공개수업을 진행하는 방법도 발전했다. 부모님을 정규 수업시간에 모시다 보니 몇 분 오시지 못하는 아쉬움을 보완하기 위해 수업 시간을 저녁으로 변경했다. 저녁에 이루어지는 공개수업이 성공적으로 진행되기까지는 아내의 도움이 컸다. 저녁에 수업을 하자면 학생들에게 저녁을 먹여야 했는데, 11개 반을 모두 진행하자면 적잖은 비용이 들어갔다. 하지만 아내는 흔쾌히 나서 힘을 실어 주었다. 수업 시작하기 일주일 전부터 아내는 수업 일정에 맞춰 준비물을 준비해 두고, 수업이 있는 날에는 교실을 장식하고, 아이들과 부모님들께 드릴 차와 음식도 준비해 주었다. 부모님을 준비된 자리로 모시고 수업 전에 필요한 정보나 자료들을 준비하는 것도 아내의 몫이었다. 또 수업이 시작된 뒤에는 부모님을 따라온 어린 아이들을 돌보거나 늦게 오는 부모님을 안

내하는 등 수업 분위기 조성에 큰 힘이 되어 주었다. 또 공개수업 뒤에 이어지는 세족식을 위해 적당한 온도의 물을 준비해 주고 사용한 수건을 세탁하는 일까지, 공개수업 자체가 아내의 힘으로 이루어진다고 해도 과언이 아닐 정도였다.

사전 준비는 그렇다 치고, 한 달여 동안 10번이 넘는 수업을 진행하자면 그때마다 저녁 6시부터 12시가 넘도록 잠시 잠깐도 쉴 틈이 없다. 비록 남편의 학교 수업이지만, 자신의 일이라고 생각하지 않는다면 불가능한 일이다. 해마다 아내와 나는 기도하는 마음으로, 자신에게 주어진 소명을 받드는 마음으로 수업을 진행하고 있다. 비록 몸은 힘들지만, 불만스럽고 긴장된 표정으로 교실에 들어섰던 부모님들이 수업을 마친 뒤에는 밝고 편안한 모습으로 돌아가는 것을 보면서 더할 수 없는 보람과 행복을 느낀다.

가르치면서 다시 배우는 가족사랑

몇 년 전, 한 가장이 직장을 그만두고 그동안 모아 두었던 돈과 퇴직금을 합쳐 가족을 이끌고 세계여행을 하고 돌아와 화제가 된 일이 있었다. 듣기에 따라서는 황당한 가족이다 싶을 수도 있지만, 이 아버지의 결단은 우리에게 많은 교훈을 시사해 준다. 그 아버지 역시 아이들 학교 공부도 그렇고, 자신의 사회생활이나 노후에 대한 두려움도 있었을 것이다. 그러나 아이들 교육을 위해 아버지가 해줄 수 있는 일이 무엇인지 고민하다 내린 결론이 바로 여행이었음을 또 다른 아버지로서 어렵지 않게 이해할 수 있다.

가르치면서 내가 배우는 가족사랑

나와 아내는 아들 둘을 두었는데, 이제는 다 장성하여 대학에 다니고 있다. 큰아이는 다른 도시에서 학교를 다니고 있고 둘째는 유학을 떠나 두 아들 모두 좀체 얼굴 보기가 힘들다. 사실 아이들은 둘 다 고등학교 때부터 기숙사 생활을 해온 터라 부모 품을 떠나는 연습이 충분했겠지만, 아이들에게 충분한 시간과 관심을 할애하지 못한 아쉬움과 미안함에 부모 마음은 종종 아릴 때가 있다.

그중에서도 특히 아쉬운 점이 두 가지 있는데, 그 첫 번째가 아이들의 머리에 손을 얹고 축복기도를 해주지 못했다는 것이다. 부모의 축복권을 사용하지 못한 것은, 알면서 행하지 않은 탓이고, 축복을 소홀히 한 탓이고, 가정과 자녀를 보살피는 데 게을렀던 탓이다. 내가 자라 온 환경이 척박한 자갈밭이었던 탓에 훌륭한 부모의 지침을 미처 몰랐다고 핑계를 대보기도 하지만, 전혀 위로가 안 된다. 그저 더 건강하고 믿음직스럽고 풍요로운 아이들로 키우고 싶다는, 너무 막연하고 추상적인 계획만 갖고 있던 중에 아이들은 훌쩍 커 버린 것이다.

지금 돌이켜보니 거창하고 치밀한 계획이 필요했던 것은 아니었다. 그저 매일 한 번씩 손을 잡거나 머리를 쓰다듬으며 나누는 축복의 말 한마디만 있었더라도 많은 것이 달라졌을 것이라는 생각에 후회가 된다. 세상에는 생명을 걸고라도 해야 할 중요한 일들이 많지만, 그 어떤 일을 하더라도 반드시 성실하게 병행해야 할 일이 바로 자녀를 올바르게 양육하는 것임을 깊이깊이 느끼고 있다.

우리 아이들의 성장기를 되돌아보며 아쉽고 미안한 두 번째 일은 아이들의 기억에 남을 만한 특별한 이벤트가 너무 적었다는 것이다. 기념할 만한 여행이나 아이들이 경험할 만한 가치가 있는 행사에 함께 참여해 시간과 경험을 공유한 기억이 별로 없다. 늘 그럴 수도 없고 그래서도 안 되겠지만, 아이들이 주제가 되고 아이들이 주인이 되는 시간을 가능한 한 자주 가져야 했다고 후회하곤 한다.

모든 것을 양보해도 좋은 최고의 가치

하는 일이 너무 바빠서 아이들에게 시간을 낼 수 없다고 말하지는 말자. 하는 일에 다소 손해가 있더라도 시간을 내 아이들에게 투자해야 하는 것이 부모의 도리다. 아이들과 함께하는 시간을 최고의 행복으로 여기지 못했기에 오히려 두 번째, 세 번째 가치에 매달려 분주했던 것임을 깨달아야 한다. 하지만 아직도

이와 같은 인식의 전환을 이루지 못한 부모가 많다. 아이들은 내가 없어도 해가 다르게 자라고, 입으로 소리 내 불평하지도 않고, 또 그럴 형편도 아니기에 그저 저 알아서 무난히 커 준다. 부모는 그냥 무심히 지켜보는 것만으로 아이들을 키운다. 흡족히 해줄 수 없음을 핑계 삼아 부모로서의 기본적인 의무와 도리마저 팽개치고 있는 것이다.

조금만 생각을 바꿔 보자. 화려한 놀이 공원에 못 가면 어떤가. 가까운 동네 놀이터에서 함께 그네도 타고 자전거도 타고 모래성도 만들 수 있는데! 비싼 새 장난감을 못 사주면 또 어떤가. 작은 포크레인이나 자동차를 갖고도 얼마든지 함께 놀아줄 수 있는데! 피자 같은 고급 간식을 못 사주면 또 어떤가. 학교 앞 분식집에 가면 저 먹고 싶은 것쯤 얼마든지 먹게 해줄 수 있는데! 겨우 2,000원하는 번데기 한 컵 사 달라고 조르지 못하는 아이의 마음을 부모가 먼저 눈치 채고 한 번쯤 시원하게 사주어야 하지 않겠는가!

그러면서도 남에게 피해 주지 않는 한 제 하고 싶은 일들을 실패의 두려움 없이 부딪혀 보게 하고, 실패하더라도 따뜻하게 격려해 주는 것이 진짜 좋은 아빠, 좋은 부모다. 성장기를 불우하게 보낸 나는 일찍이 배우지 못해서 못하고, 아버지가 된 뒤에는 가르쳐 주는 사람이 없어 그저 '저도 내 마음 같으면 그만이려니' 하며 시행착오를 거듭해 왔다. 하지만 다행스럽게도 아이들은 아직 내 품을 떠나지 않았고, 난 지금도, 그리고 앞으로도 평생, 두 아들의 아버지일 테니 내겐 아직 아버지의 역할이 남아 있는 셈이다. 또한 앞으로는 예전에 놓쳐 버린 시간과는 다른 새로운 아버지 노릇이 남아 있을 것이니 그 역시 기대가 된다.

학교에서 아이들에게 부모 사랑하는 법을 가르치는 동안 나는 아이들을 통해 다시 내 가족을 사랑하는 법을 배우고 있는 셈이다.

우리 아이는 정말 행복할까?

실제로 "우리 가정은 정말 행복한가?", "나는 정말 행복한가?" 하는 질문에 단 1초의 망설임도 없이 "그렇다"고 대답할 수 있는 사람은 그리 많지 않다. 교육 현장에서 만난 우리 아이들 역시 부모와 가정에 대해 그리 만족하지 못하고 있었다. 부모들은 나름대로 최선을 다하고 있다고 말하겠지만, 부모들의 기대와 달리 60퍼센트의 아이들이 "내가 어른이 되어 부모가 된다면 지금의 우리 부모님보다 더 잘할 것이다"라고 말하고 있다. "부모님과의 갈등으로 가출을 생각해본 적이 있다"는 아이들 또한 60퍼센트를 육박했다. 부모와의 친밀감을 잃어버리고 가족간의 관계를 의

무적으로 받아들이며 형식적으로 살아가는 아이들이 생각보다 많다는 것에 부모의 한 사람인 나 역시 놀랄 수밖에 없었다.

이 같은 현상의 배경에는 극도로 복잡해진 생활환경이 자리하고 있다. 부모는 야근이 일상화된 빠듯한 직장 생활을 하고, 아이들은 정규 수업 외에 자율학습이나 보충수업, 학원 공부에 시달리고 있다. 가족이 오순도순 둘러앉아 얘기를 나누는 것은 아침 식사 때 아니면 주말에나 가능하다. 심지어 한 집에 살면서도 일주일 내내 얼굴 한 번 못 보는 가족이 있을 지경이다. 또 요즘 아이들은 예전에 비해 성장 발달이 빠른 만큼, 사춘기가 이르다. 영양 상태가 좋고 다양한 대중매체에 쉽게 접근할 수 있어 무엇이든 보고 배우는 것도 빠르다. 그러다 보니 초등학교 고학년만 되어도 사생활을 보장해 달라며 방문을 걸어 잠그기 일쑤다.

이혼율이 높아지면서 결손가정이 많아진 것도 아이들의 가정 생활 만족도 하락에 직접적인 영향을 미치고 있다. 과거에는 결손가정의 대부분이 부모의 사망에 의해서 발생했지만, 최근에는 사망보다는 이혼이나 별거 같은 인위적인 요인에 의한 결손가정의 수가 점점 더 늘어나고 있다. 지금 우리나라의 이혼율은 세계 1~2위를 다투고 있다. 더구나 이혼 가정의 80퍼센트에 아이들이 있다고 하는데, 결국 이 아이들은 영문도 모른 채 결손 아동이 되고 마는 것이다.

　이혼이나 별거와 같은 편부모 가족의 증가는 청소년 문제의 주요 원인으로 작용하고 있으며, 나아가 사회문제화 되고 있다. 결손가정에서 자라난 아이들은 인간의 기본적인 자기 이해와 자기 발전을 이루는 가정의 영향을 제대로 수용하지 못해 정서적으로나 사회적으로 문제점을 드러낼 가능성이 매우 높다.

　한 연구에 의하면, 편부모 가정의 아이들이 양부모의 가정의 아이들보다 스트레스 지수는 높은 반면 학업 성취도는 낮으며, 반사회적인 행동을 더 많이 보인다고 한다. 또한 자기 통제력, 사회적 책임성, 인지능력, 성취도도 뒤떨어진다고 한다. 또한 부모의 이혼이나 별거로 인한 가족 관계 및 여러 가지 환경 변화가 아이들의 우울증과 분노, 자아 존중감 저하 등에 직접적인 영향을 미치는 것으로 나타났다.

좋은 가정 만들기도 배울 수 있다

요즘은 첫째 아이 교육법과 둘째 아이 교육법에도 차이가 있다고 할 정도다. 자녀 교육도 '정보전'이라고도 한다. 한마디라도 더 빨리, 더 많이 듣고 서둘러 실천해야 남보다 뛰어난 아이로 키울 수 있다는 것이다.

부모의 인식 변화가 가정이 변해 가는 속도에 보조를 맞추지 못하는 것도 문제의 하나다. 아이들을 이해하고 좀더 가까이 다가가고 싶지만 아이들의 성장 환경에 부모가 미처 적응하지 못하는 것이다. 상당수의 부모들이 자식을 하나의 독립적인 인격체로 인정하고, 사랑과 관심을 갖고 대화하고 함께 시간을 보내고 싶어 한다. 하지만 제대로 된 방법을 모르다 보니 더욱 복잡한 미로에 빠진다고 호소한다. 그래서 최근에는 '좋은 부모 되기'나 '좋은 가정 만들기' 같은 모임이 많아지고, 책이 나오고, 캠페인이 등장하고 있다. 부모와 자녀가 더욱 행복해질 수 있는 방법을 모색하기 위한 행사도 시시각각 열리고 있다. 얼마 전에는 한 단체에 의해 '좋은가족상'이 제정되기도 했다. 가정의 의미도, 부모 노릇하는 법도 배워야 하는 시대가 된 것이다.

단란한 가정을 되찾아 주는 비책

모든 아내가 남편에게 원하고, 모든 남편이 아내에게 원하는 것, 모든 부모와 자녀가 진실로 잘 통하기를 원하는 것이 바로 대화다. 사람과 사람 사이의 '관계'를 형성하는 것이 말이고 대화이기 때문이다. 아무리 진실하고 사랑하는 마음을 갖고 있더라도 서로 말하지 않으면 알 수 없고, 모르면 이해할 수 없다. 서로 사랑하고 있다면 서로를 이해하고 배려할 수 있는 기회를 만들어야 한다. 그것이 바로 대화다.

그러나 요즘은 온 가족이 둘러앉아 대화를 나눌 만한 시간이 없다. 엄마 아빠는 물론이고, 아이들도 새벽같이 학교에 갔다 밤이 늦어서야 귀가한다. 사랑을 확인하자고 밤 11시, 12시에 피곤한 아이들을 붙들고 앉아 이야기를 나눌 수도 없는 노릇이다. 하지만 서로의 사랑을 전하고 따뜻한 마음을 채우는 데엔 생각보다 시간이 안 든다. 서로 사랑한다고 말하기, 집을 나서기 전에 서로 안아주기, 얼굴 마주칠 때마다 웃는 모습 보여주기 같은 것들은 아주 짧은 시간에 큰 사랑을 전할 수 있는 좋은 방법이 된다. 이런 일은 시간이 많이 필요하지도 않고 많은 노력이 필요한 것도 아니지만, 우리의 생활과 생각, 마음을 바꿔 주는 행복의 출발점이다.

가족간에 대화를 나눌 때는 서로 부드럽고 고운 말로 서로의 마음을 어루만질 수 있도록 신경을 써야 하는데, 여기에는 얼마간의 노력이 필요하다. 우리가 서로에게 좋은 말을 해주는 데 익숙하지 않기 때문이다. 부모 자식간에도 칭찬보다는 꾸지람을 하기 쉽고, 격려보다는 비난하는 일이 많다. 그러다 보니 우리의 일상에는 꾸지람과 비난만 가득하고 칭찬과 격려는 좀체 찾아보기 힘들다.

그러나 말은 그 사람을 규정하고, 그가 대화하는 사람 사이의 관계를 규정한다. 부정적인 말은 그 말을 듣는 사람의 마음을 상하게 하지만, 가장 먼저 칼날에 베이는 사람은 바로 독한 말을 내뱉은 장본인이다. 인간의 두뇌는 대화의 관계성에 앞서, 부정적인 이미지 자체를 각인하기 때문이다.

행복을 만드는 최고의 대화

행복을 만드는 대화는 바로 칭찬이다. 칭찬받는 것을 싫어하는 사람은 세상에 단 한 사람도 없다. 또 나를 칭찬하는 사람을 싫어할 이유도 없다. 딱히 칭찬받을 일이 없었던 것 같은데도 칭찬을 해주면 '내가 정말 그랬나?' 하며 스스로를 되돌아보고, 부족한 점이 있다면 다른 사람들이 눈치 채기 전에 한시라도 빨리 채워 넣으려고 하는 것이 인지상정이다.

칭찬을 들으면 힘든 일을 하면서도 힘든 줄 모르고 열심히 하는 것이 인간이다. 또 칭찬을 들은 사람은 칭찬해 준 사람에게 호감을 갖게 되어 있다. 이렇듯 칭찬은 자신의 마음을 열게 해줄 뿐만 아니라 상대방의 마음까지 열어 준다. 불편했던 인간관계를 개선할 수 있는 매개체가 되고 낯선 사람들 사이에 놓인 벽을 부서뜨려 주는 것이 바로 칭찬인 것이다.

실제로 칭찬하는 사람에게는 적이 없기 때문에 주변에 긍정적이고 적극적인 사람들이 모여들게 된다. 칭찬이 많아지면 서로에 대한 신뢰가 생기고 서로에 대한 이해의 폭이 넓어지고 서로를 도와주고자 하는 마음이 생기게 되므로 가능성 있는 목표를 설정하고 주위의 사람들과 함께 나아갈 수 있는 것이다.

칭찬(praise)은 본래 프레티엄(pretium)이라는 라틴어에서 나온 말로 이것은 가치(worth)나 대가(price)의 뜻을 가지고 있다. 칭찬은 가치 있는 일이고, 칭찬에는 그만한 대가가 주어진다는 의미가 내포되어 있다. 또 우리 사전은 칭찬(稱讚)을 '잘한다고 추어 주거나, 좋은 점을 들어 기림'으로 풀이하고 있다. 한 사람이 다른 사람이나 여러 사람에게 베푼 가치 있는 일을 높이 평가한다는 뜻이다.

칭찬이란 상대방의 가치를 이해하고 인정해 주는 것이고, 마음을 담아 상대방의 가치를 표현하는 것이다. 또한 상대방의 가치 성취 욕구를 충족시키도록 힘을 북돋아 주는 것이고, 자랑거리를 찾아내서 밖으로 표현해 주는 것이며, 잠재적인 가치를 높이 평가해 주고 말과 행동으로 그렇게 대접해 주는 것이다. 가족간의 대화에 칭찬을 활용하는 것만큼 훌륭한 행복의 열쇠가 없음을 깨달아야 한다.

칭찬의 긍정적 에너지 충전하기

'피그말리온 효과' 라는 말이 있다. '강한 기대가 기적을 만든다' 는 의미다. 스스로 강한 신념을 갖고 어떤 일을 기원하거나 다른 사람에게 "잘한다, 넌 꼭 해낼 수 있어, 반드시 그렇게 될 거야" 하면서 격려하고 칭찬하면 상대가 용기를 얻고 그만큼 노력하게 되어 결국 자신이 기대하고 믿는 만큼 좋은 성과를 얻을 수 있다 는 뜻이다.

피그말리온 효과의 파급력은 실로 막대하다. 열심히 노력해서 능력을 최대한 발휘해 최선의 결과를 만들어 내는 것만이 아니 라, 불가능해 보이는 일조차 실현해 내는 동력이 되기 때문이다.

가족간에 서로서로 칭찬해야 하는 이유가 바로 여기에 있다. 칭찬에는 피그말리온 효과가 있어 상황을 원하는 대로 이끌어 가는 힘이 있기 때문이다.

주변을 칭찬 에너지로 가득 채우다

다소 부족하더라도 이미 충분한 것처럼 칭찬하고 마음의 축복을 건네면 우리 마음속에서는 그것을 이루려는 작용이 일어나며 우리를 둘러싼 우주의 에너지가 작용하여 모든 상황과 환경을 긍정적으로 변화시켜 간다. 칭찬할 일이 없더라도 이상적인 모습의 작은 신호를 잡아 칭찬하다 보면 결국 원하는 바를 이루게 되는 것이다. 이런 놀라운 경험은 지독스런 천착과 믿음만으로 가능하다. 간절한 소망과 절대적인 믿음이 칭찬의 내용을 현실화해 준다.

그래서 칭찬은 다른 사람의 생각과 욕구를 이해하는 데서 시작되어야 한다. 그의 장점을 찾아내서 칭찬하고 실수를 격려하고 용기를 북돋아 상대가 최상의 컨디션을 유지할 수 있는 힘을 주어야 한다. 그렇게 주변의 모든 사람에 대해 장점을 찾아내 칭찬하다 보면 어느덧 내 주변에는 칭찬받을 만한 사람만 가득해지게 된다. 결국 그들의 긍정적 에너지가 나에게 영향을 미쳐 내 인생을 변화시키게 될 것이다. 이처럼 주변이 칭찬 에너지로 가득한 사람이야말로 세상에서 가장 귀한 보배를 간직한 부자라고 할 수 있다.

　부모에게 칭찬을 받은 아이는 용기를 갖게 되고, 자기 스스로가 소중한 존재임을 깨닫게 된다. 또 아이들이 부모에게 칭찬을 건네면 부모는 삶의 활력을 얻고 가정을 꾸리는 기쁨과 보람을 느끼게 된다. 이렇게 스스로 소중한 사람이 되고 서로가 서로에게 소중한 사람이 됨으로써 행복한 가정이 완성되는 것이다. 그러기 위해서는 서로가 서로에게 칭찬을 해야 한다. 칭찬에는 나이나 서열도 없다. 흔히, 칭찬은 윗사람이 아랫사람에게 하는 것이고, 업무의 효율이나 인간관계 개선을 위해서 리더가 사용하는 것이라고 생각한다. 가정에서도 부모가 자녀에게 하는 것이라는 생각이 지배적이다. 그러나 칭찬은 위아래를 가리지 않고 서로가 서로에게 하는 것이다. 칭찬은 아부도 아니고 가식도 아니다. 사실을 사실대로 말하되 듣기 좋게 말하는 것이기 때문에 어떤 관계에서건 당당하게, 자신 있게 칭찬하는 자세가 필요하다.

위기와 갈등을 극복하는 힘이 된다

　가정환경이나 성격 등 아이들이 부모와 갈등을 겪는 이유는 가지각색이다. 하지만 칭찬은 이런 다양한 갈등 요소를 신속하고 폭넓게 극복해 주는 신묘한 처방이다. 또 별다른 어려움이 없는 가정이라도 우리 아이들은 공부와 성적에 대해 엄청난 압박을 받으며 자란다. 이런 심리적 부담을 부모들도 모르는 바 아니지만, 모른 척 내버려둘 수도 없는 노릇이다 보니 잔소리와 꾸중이 끊이지 않는 것이다. 그러나 아이들은 더 이상 부모의 걱정을 충고나 격려로 받아들이지 않는다. 상황이 이렇다 보니 날마다 같은 소리를 수없이 되풀이해도 효과가 없다. 부모가 제아무리 활시위를 당겨 조언을 쏟아 부어도 아이들 마음속으로 날아가 박히지를 않으니 부모는 그저 잔소리꾼이 되고 마는 것이다.

아이들에게 공부하라는 말을 하고 싶을 때는 몇 초만 참아 보자. 아주 잠깐 시간을 내 먼저 아이의 장점을 칭찬하고 그 뒤에 하고 싶은 말을 해보자. "우리 착한 아들, 엄마가 해준 음식 맛있게 먹어 줘서 고마워. 과일 먹으면서 잠깐 쉬었다 들어가라" 하는 것이 "네 방에 들어가서 공부하고 있어. 엄마가 과일 깎아다 줄 테니까"라고 말하는 보다 따뜻할 뿐더러 효과적이다. 엄마의 말에는 아들은 들어가서 공부하려고 하는데 엄마가 좀 쉬었다 하라고 한 듯한 상황의 반전이 숨겨져 있기 때문이다. 이런 상황을 접하게 되면 대부분의 아이들은 '그래, 원래 내가 들어가서 공부하려고 했던 게 맞아. 엄마가 하도 쉬라고 하니까 잠깐 쉬는 것뿐이야' 하는 생각을 갖게 된다. 어느새 아이의 마음은 스르르 열리고 부모는 잔소리꾼이 아니라 고마운 조력자로 받아들여지게 된다. 그러면 아이는 알아서 공부하게 되어 있다. 과일 접시를 비우자마자 "이제 그만 들어갈게요" 하며 자발적으로 일어나게 되는 것이다. 가벼운 칭찬이 마음을 살짝 어루만지고 지나가면 그 뒤에 따라오는 말은 긍정적으로 해석될 여지가 크다는 것을 잊으면 안 된다.

배울수록 커지는
칭찬의 매력과 즐거움

자라나는 아이들에게 칭찬을 가르친다는 건은
인생을 살아가는 태도를 가르친다는 것이다.
칭찬은 그저 듣기에 좋은 입에 발린 말이 아니라
나와 타인에 대한 태도요
삶을 통찰하는 가치관이기 때문이다.
수업을 통해 의도적으로 시작된 칭찬이지만,
칭찬을 통해 아이들은
스스로도 예상치 못했던 많은 변화를 겪게 된다.

4줄짜리 칭찬일기의 미약한 시작

학교에는 '수행평가'라는 비장의 무기가 있다. 점수에 촉각을 곤두세울 수밖에 없는 우리 아이들은 수행평가라면 아무리 힘든 숙제라도 기필코 해낸다. 안타깝지만 효과적인 만큼, 칭찬 활동은 수행평가라는 무기를 사용해서 시작되었다. 특히 도덕 교과는 인성 교육이라는 중요한 과제를 안고 있기에 수업의 정당성도 충분했다. 그러나 입시와 관련지어 생각해 보면 그리 중요한 교과라 할 수 없는 상황이다 보니 아이들에게 많은 시간을 할애하도록 요구할 수는 없었다. 과제의 형식이나 내용이 아이들에게 부담을 주어서도 안 되고 수행평가로서 객관적인 평가 기능도 충분히 해내야 했다.

고민 끝에 나온 것이 바로, 칭찬 상황, 칭찬한 말, 부모님의 반응, 나의 생각 등으로 이루어진 '칭찬일기'였다. 1회에 4줄씩, 1주일에 2~3회를 써서 두 달여의 시간 동안 총 30회 부모님을 칭찬하는 훈련이었다.

칭찬일기 예시

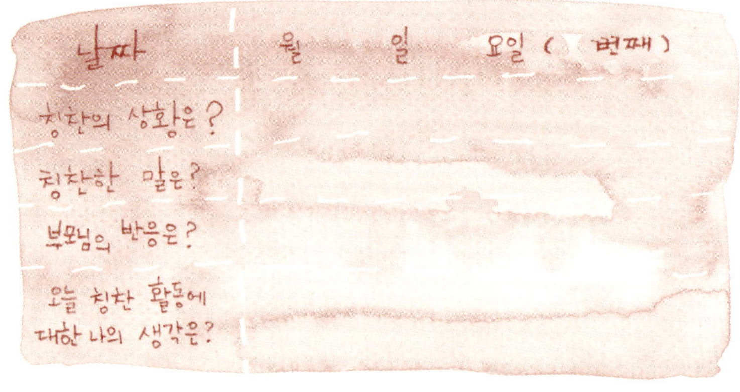

해를 거듭하며 누적된 칭찬 표현들

초기에는 대부분의 아이들이 칭찬 활동 자체를 어색해 한다. 갑자기 칭찬이 무엇인지도 모르겠고, 무엇을 어떻게 칭찬해야 할지도 모르겠다며 난색을 표한다. 해마다 칭찬수업을 시작할 때면 일상에서 흔히 일어나는 일 하나하나가 칭찬의 소재가 된다는 것부터 가르쳐 주어야 한다. 실제로 주위를 둘러보면 칭찬의 소재는 무궁무진하다. 부모의 존재 자체를 감사하는 칭찬부터 부모의 좋은 성격이나 습관을 높이 평가하는 칭찬, 취향이나 외모 등 개성과 성향에 감탄하는 칭찬, 또 나와 가족들을 대하는 태도에 대한 감사의 칭찬 등을 할 수 있도록 격려한다.

칭찬할 때 꼭 지켜야 할 5가지 규칙

칭찬일기는 다른 어떤 일기보다 간단하지만 지켜야 할 나름대로의 규칙이 있다. 칭찬일기를 쓸 때 반드시 지켜야 할 규칙은 다섯 가지다. 칭찬의 대가를 요구해서는 안 된다, 너무 노골적이고 형식적인 칭찬은 하지 않는다, 사소한 내용이라도 자세히 관찰하여 칭찬한다, 칭찬 표현이 힘든 가정일수록 용기를 가지고 끝까지 칭찬한다, 칭찬일기는 비밀일기처럼 부모님 모르게 적는다 등이 그것이다.

1. 부모님을 칭찬했다고 해서 칭찬의 대가를 요구해서는 안 된다

대가를 요구하는 칭찬은 바른 칭찬이 아니기 때문에 절대 금지 사항이다. 처음에 목표한 30회의 칭찬이 끝날 때까지 대가는 생각해서도 안 된다. 물론 거듭되는 칭찬에 부모님이 기분이 좋아져서 주시는 선물이라면 감사하는 마음으로 받아도 된다.

2. 너무 노골적이고 형식적인 칭찬은 하지 않는다

부모를 칭찬해 본 경험이 별로 없는 아이들이 가장 먼저 시도하는 칭찬은 음식에 관한 것이다. "역시 엄마 김치찌개는 최고예요"라거나 "내가 제일 좋아하는 간식을 준비해 주셔서 감사합니다"와 같은 것들이다. 하지만 음식을 가지고 칭찬하는 것도 한두 번이지, 짧은 시간 내에 같은 칭찬이 반복되다 보면 칭찬의 효과가 떨어질 수밖에 없다. 그러므로 가능한 한 표현에 신경을 써서 같은 칭찬이라도 다르게 표현하는, 칭찬 표현 기술을 높여야 한다. 가급적이면 부모님의 존재감, 부모님의 마음 등을 칭찬하는 것이 좋다.

'칭찬 예시'를 정리해 아이들에게 나누어 주며 칭찬 솜씨가 늘 때까지는 예시를 변형하고 활용하면서 마음을 담아 보게 했더니 효과가 있었다. 또 도덕 시간마다 한두 명씩 사례를 발표하게 해 칭찬 활동을 격려했더니 아이들은 친구들의 사례를 들으면서 칭찬의 표현 기술을 익혀 갔다. 여기에 더해 좋은 칭찬 표현과 오해를 사거나 오히려 반감을 불러일으킬 수 있는 표현들을 조언해 줌으로써 칭찬 기술을 함께 닦아 갔다.

3. 행동, 말, 표정 등 사소한 내용이라도 자세히 관찰하여 칭찬한다

칭찬 과제를 받은 아이들이 처음에 당황하는 이유 중에 하나는 부모님을 만날 시간이 별로 없다는 것이다. 아침이면 부모님이 아이들을 깨우느라 한바탕 전쟁을 치르고, 아이들은 겨우 졸음을 털고 일어나 학교에 갈 준비를 하면 밥 먹을 시간도 없다. 방과 후에는 또 어떤가. 요즘은 맞벌이 부부가 많아 부모 모두 아이들보다 늦게 귀가하는 경우가 상당수인 데다 아이들은 책가방 내려놓기가 무섭게 학원으로 달려 가야 한다. 피곤한 부모님과 그에 못지않게 타이트한 스케줄로 움직이는 우리 아이들이 얼굴 맞대고 여유롭게 대화할 시간이 그리 많지 않은 게 현실인 것이다.

하지만 이런 상황은 오히려 칭찬의 효과를 배가시키는 조건이 되기도 한다. 부모님과 얼굴 마주칠 일이 적다 보니 칭찬 한마디 하려 해도 부모님의 말 한마디, 행동 하나하나, 미세한 표정 변화까지, 부모님에 관한 것이라면 작은 것 하나라도 세심한 주의를 기울일 수밖에 없는 것이다. 이렇게 부모님을 자세히 관찰하다 보면 자연스레 칭찬거리가 눈에 들어올 것이고, 부모님의 상황과 마음을 이해하는 데 큰 진전을 이루게 된다.

4. 칭찬 표현이 힘든 가정일수록 더욱 용기를 가지고 끝까지 칭찬한다

사실 화목하고 평소 대화가 많은 가정에서의 칭찬은 그리 어려운 일이 아니다. 반면에 평소에 대화가 없는 가정이나 경제적인 여건이 안 좋은 가정, 결손가정 등에서는 서로를 칭찬한다는 것이 생각처럼 쉽지 않은 일이다. 하지만 이런 가정일수록 칭찬이 필요하고, 또 칭찬의 효과도 크다.

칭찬 수업을 시작한 지 얼마 되지 않은 어느 날, 쉬는 시간에 한 아이가 교무실로 찾아왔다. 칭찬 활동 때문에 의논할 일이 있어서 왔다는 이 아이는 한참을 망설이더니 어렵게 이야기를 꺼냈다.

"선생님, 저는 부모님이 이혼하시고 저랑 함께 살 형편도 안 돼서 이모와 같이 살고 있거든요. 근데 이모도 월세방에 사세요. 게다가 삼촌들도 있어서 한 방에서 다섯 명이 함께 살아요. 이모한테 얹혀사는 것도 미안하고 죄송해서 어쩔 줄 모르겠는데, 칭찬 활동을 어떻게 해야 할지 모르겠어요."

칭찬 활동에서 부딪히는 가장 힘겹고 가슴 아픈 상황이다. 이런 아이들은 칭찬 활동 때문에 외려 상처를 입을 수도 있기 때문에 각별한 관심이 필요하다. 나는 아이를 앉혀 놓고 마음의 아픔과 고통을 충분히 공감해 주었다. 또 힘들고 어려웠던 나의 어린 시절 이야기를 들려주었다. 아이를 위로하고 희망과 용기를 갖게 하는 것이 무엇보다 중요했기 때문이다.

"이모를 칭찬해라. 그리고 삼촌들을 칭찬해라. 선생님도 네가 얼마나 힘든지 알 것 같아. 그렇지만 지나고 보면 이렇게 힘든 시간도 잠깐이야. 하는 데까지 해보자. 선생님이 도와줄게."

얼마 뒤 아이는 다시 나를 찾아왔다. 이모와 사촌들을 칭찬한 결과를 이야기해 주러 온 것이었다. "그렇게 큰 칭찬도 아니었는데 이모와 사촌들이 너무 좋아하고 집안 분위기가 좋아졌어요" 하면서 행복한 미소를 지으며 돌아갔다. 아이는 일주일 전과 완전히 달라져 있었다. 무슨 큰 잘못이라도 저지른 듯 위축된 모습으로 자신의 상처를 털어놓던 모습은 오간데 없고 온몸에서 활기와 희망이 뿜어져 나오고 있었다. 단 일주일, 두세 번의 칭찬만으로 가족과 아이 자신이 변화된 것이었다.

5. 칭찬일기는 비밀일기처럼 부모님 모르게 적는다

이 '비밀' 이야말로 칭찬일기의 핵심이다. 수업 시간에 내준 숙제이기 때문에 억지로 하는 칭찬이라는 것을 부모님이 아신다면 칭찬의 효과는 절반 이하로 뚝 떨어질 것이 뻔하기 때문이다. 또 아이들 자신에게 돌아올 성과도 줄어들 수밖에 없기 때문에 이 '비밀'에 대한 약속은 철저히 지켜져야 한다.

과제를 받은 아이들은 기대 이상으로 잘 수행해 낸다. 칭찬일기를 들키지 않으려면 가급적 편안한 분위기에서 자연스럽게 칭찬해야 하기 때문에 보다 친밀한 가족 관계 속으로 자발적으로 발을 내딛게 된다. 또 일기를 쓸 때도 방에 들어와 문을 잠그고 쓰고 잘 보이지 않는 곳에 일기장을 숨겨 두는 등 무의식중에 가족에 대한 마음을 소중히 간직하는 법을 익히게 된다. 가끔 부모님께 들켰다고 발을 동동 구르는 아이도 있고 그중 일부는 혼자서 지어서 쓰는 것도 눈에 보이지만, 대부분의 아이들은 정성껏, 열심히 칭찬하고 비밀리에 칭찬일기를 쓴다.

칭찬 활동이 마무리되면 부모님께 일기를 보여 드리게 되는데, 간혹 아이의 칭찬이 숙제에 의한 의도적인 것이었다는 것을 알고 크게 실망하는 부모님이 있을 정도로 부모님들의 호응이 크다. 이럴 때는 부모님께 편지를 써서 위로하곤 하는데, 교육적

인 효과를 배가시키기 위해서는 어쩔 수 없는 선택이다. 이 수업
은 칭찬 자체가 목적이 아니라 부모와 자녀가 가정 내에서 서로
부드럽게 소통함으로써 서로의 마음을 이해하고 행복한 가정을
만들어 가는 데 의의가 있기 때문이다.

칭찬일기에 숨겨진 아이들의 속마음

아이들은 부모님을 칭찬한다는 것 자체에 어색해 하고 당황스러워 했다. 하지만 수행평가 과제로 받아 든 것이다 보니 안 할 수도 없는 노릇이다. 아이들은 어쩔 수 없이, 떨어지지 않는 입을 열어 칭찬하려고 애를 썼다.

실제로 칭찬 활동을 하면서 아이들은 전에 해보지 못한 새로운 경험들을 하게 된다. 실패한 칭찬부터 칭찬 활동의 효과를 제대로 살려낸 최고의 칭찬까지 별의별 대화가 다 오고 간다. 하지만 실패한 칭찬 활동조차 다 나름의 가치가 있다. 칭찬은 실패하더라도 상처가 남지 않으며, 오히려 웃음을 자아내기 때문이다.

그래서 아이들이 가족과 만들어 낸 칭찬 활동 상황을 엿보다 보면 NG 상황마저 마음을 따뜻하게 한다.

칭찬일기, 정말 계속 해야 되나?

초기에는 잘못된 칭찬이나 대답 때문에 실패한 경우가 많다. 이런 경험은 갓 칭찬을 시작한 아이들 대부분이 겪게 되는데, 아이들은 적절한 칭찬 상황과 칭찬의 말을 찾아내지 못해 실수를 범하게 되고, 부모들은 뜻밖의 칭찬을 어떻게 받아들여야 할지 몰라 외면해 버리거나 과잉해서 역설적으로 반응하기도 한다. 또 부모가 아이의 칭찬을 아예 귀 기울여 듣지 않는 사례들도 종종 있다. 그러나 시행착오가 몇 번 반복되는 사이 칭찬 실력은 금세 쑥쑥 성장한다.

- 칭찬 상황 : 저녁밥을 먹고 있는데 아빠가 머리를 깎고 들어 오셨다.
- 칭찬한 말 : 아빠, 머리 깎으니까 정말 멋있어 보여.
- 부모님의 반응 : 크크크. 니 얼굴의 밥풀이나 떼라.
- 나의 생각 : 헛, 내 얼굴에 밥풀이!

- 칭찬 상황 : 아빠가 요즘 담배를 안 피우고 계신다.
- 칭찬한 말 : 아빠, 요즘 담배 안 피우니까 너무 좋다.
- 부모님의 반응 : 니 말 들으니까 담배 생각난다!

* 나의 생각 : 괜히 긁어 부스럼 만들었다.

* 칭찬 상황 : TV에서 샴푸 광고를 보고 있었다.
* 칭찬한말 : 어, 엄마잖아?
* 부모님의 반응 : 웃기고 자빠졌네.
* 나의 생각 : 쑥스러워하는 모습이 너무 귀여우셨다.

역시 우리 부모님은 황당하다

부모가 농담을 잘하거나 화법 자체가 톡톡 튀는 스타일이라면 얼마든지 아이들을 당황스럽게 할 만한 반응을 보일 수 있다. 이런 반응은 아이들에게 '이런 식의 칭찬을 계속 해야 하나' 하는 의구심을 불러일으키기도 한다. 하지만 아이들이 진심으로 호감과 믿음을 갖고 부모님을 칭찬하고 있다는 것을 깨닫게 되면 오래지 않아 부모들도 부드럽게 대꾸하게 된다. 또 이런 식의 반응에 대해 아이들은 나름대로 평가하고 분석한다. 아이를 비꼬거나 비하하는 듯한 느낌이 들지 않도록 대화에 참여하는 자세가 중요하다.

* 칭찬 상황 : 엄마가 가계부를 쓰고 있다.
* 칭찬한말 : 엄마 글씨 잘 쓴다.
* 부모님의 반응 : 엄마 예전엔 춤도 잘 췄어.

- 나의 생각 : 너무 과대평가하면 안 되겠다.

- 칭찬 상황 : 아빠가 전등 갈아 끼우셨다.
- 칭찬한 말 : 아빠, 너무 멋있어!
- 부모님의 반응 : 이거? 개나 소나 다 하는 일인데, 뭘.
- 나의 생각 : 정말 오버였다.

- 칭찬 상황 : 엄마가 기분이 나빠져 있을 때.
- 칭찬한 말 : 엄마! 사람이 화내면 그만큼 수명이 짧아진대.
  엄만 웃는 게 더 어울려.
- 부모님의 반응 : 너나 오래 살아.
- 나의 생각 : 엄마가 많이 화났나 보다.

- 칭찬 상황 : 아빠가 TV를 보고 계실 때.
- 칭찬한 말 : 아빠, 보기 좋게 나온 배가 좋아.
- 부모님의 반응 : 이제부터 용돈은 없다!
- 나의 생각 : 칭찬하는 거, 정말 그만하고 싶다.

이런 상황, 정말 당황스럽네요

10대 청소년들은 아직 어른들의 생각과 행동 방식을 100퍼센트 이해하지 못한다고 봐야 한다. 세대간의 생각이 다르고 사용하는 언어가 다르다 보니 아이들과 대화를 나눌 때는 아이들의 얼굴 표정과 눈빛, 말투 등을 유심히 들여다보아야 정확한 의도를 읽을 수 있다. 아이들의 의도를 알면서도 부모가 한 박자 앞서 나가는 경우, 아이들은 예상치 못한 부모의 반응에 당황스러움을 느낀다.

- 칭찬 상황 : 아빠랑 백화점에 여름옷을 사러 갔다.
- 칭찬한 말 : 아빠는 어떤 걸 입어도 모델 뺨치게 멋져!
- 부모님의 반응 : 좋아서 계속 내 앞에서 패션쇼를 하셨다.
- 나의 생각 : 오랜만에 맘에 없는 말을 하려니 힘들었다.

- 칭찬 상황 : 아빠가 용돈을 주셨다.
- 칭찬한 말 : 아빠의 지갑은 언제 든든해.
- 부모님의 반응 : 네가 돈만 안 달라면 평생 든든할 거다.
- 나의 생각 : 우리 아빠는 정말 장난꾸러기다.

- 칭찬 상황 : 동생에게 칭찬일기를 들키고 말았다.
- 칭찬한 말 : 야, 너 오늘 이쁘다!
- 부모님의 반응 : 언니, 이거 해서 돈 벌었지?
- 나의 생각 : 죽이고 싶다.

예상치 못했던 뜻밖의 기쁨이!

칭찬이 심리적인 만족감으로 돌아올 때 아이들은 칭찬하는 보

람과 기쁨을 느끼게 된다. 쑥스러움을 참고 어렵게 한 칭찬을 부
모가 진심으로 받아들이고 긍정적으로 반응해 주면 아이들은 용
기를 얻게 되고, 더 좋은 칭찬을 많이 해 드려야겠다고 다짐하게
된다. 아이들의 칭찬을 스킨십이나 웃음, 감사, 칭찬 등으로 되돌
려 주면 아이에게 칭찬의 기쁨과 가치를 가르치는 효과가 있다.

- 칭찬 상황 : 엄마와 단둘이 거실 소파에 앉아 있을 때.
- 칭찬한 말 : 나는 엄마가 자랑스러워.
- 부모님의 반응 : 웃으시며 "부끄럽지 않은 엄마가 될게"라고 말
  씀하셨다.
- 나의 생각 : 조금은 쑥스러웠지만 좋았다. 칭찬 많이 해 드려야지.

- 칭찬 상황 : 엄마와 TV를 보며 수다를 떨고 있을 때 서로의
  종아리를 보며……
- 칭찬한 말 : 우와~ 엄마 허벅지랑 종아리가 완전 내 2분의 1이
  야……. 미스 코리아 빰친다.
- 부모님의 반응 : 나에게 애교도 떠시고 하루 종일 잘해 주셨다.
- 나의 생각 : 때마침 TV를 보고 있었는데 칭찬을 계기로 더 오
  래 볼 수 있었던 것 같아서 무지 좋았다.

- 칭찬 상황 : 아빠가 숙직을 한다고 전화해 오셨다.
- 칭찬한 말 : 아빠 없으면 외로운데……. 아빠가 든든해요!
- 부모님의 반응 : 그래, 우리 공주님! 공부 열심히 하고 뭐 필요

한 거 없어?
- 나의 생각 : 칭찬 한 번에 이렇게 좋아하시다니……. 더 자주
  칭찬해 드려야겠다.

- 칭찬 상황 : 어버이날 아빠께 선물을 드리면서.
- 칭찬한말 : 아빠, 제가 세상에 태어날 수 있게 해주셔서 너무
  너무 감사해요!
- 부모님의 반응 : 아빠가 꼭 안아 주셨다.
- 나의 생각 : 오랜만에 아빠한테 안겨 보니 기분이 좋았다. 아빠
  가 맛있는 것도 사주셨다.

기대하지 않았던 보상을 받았다

칭찬을 할 때는 기본적으로 보상을 기대해서는 안 된다. 하지만 칭찬을 주고받다 보면 자잘한 보상이 돌아오게 마련이다. 아이들의 칭찬에 한껏 고조된 부모들이 기분을 내면 간식이 달라지고, 저녁 반찬이 달라지고, 용돈이 달라진다. 보상을 바라고 칭찬했던 게 아니기 때문에 아이들이 느끼는 보상의 가치는 더욱 크다. 그렇게 서로 좋은 말을 나누고 좋은 음식을 나누는 과정에서 사랑과 이해가 깊어지는 것이다.

- 칭찬 상황 : 엄마가 예쁘게 화장을 하고 있다.
- 칭찬한말 : 처녀 같아요!

- 부모님의 반응 : 아무 말 없이 돈을 주셨다.
- 나의 생각 : 기분이 째진다.

- 칭찬 상황 : 엄마한테 야단을 맞고 있을 때.
- 칭찬한 말 : 엄마는 아무리 화가 나도 말로만 혼내고 때리지 않아서 좋아.
- 부모님의 반응 : 슬그머니 야단이 멈췄다.
- 나의 생각 : 칭찬하기를 잘했다.

- 칭찬 상황 : 아빠가 운동 삼아 자전거를 타다 들어 오셨다.
- 칭찬한 말 : 울 아빠는 히딩크 오빠처럼 자기 관리가 너무 뛰어나!
- 부모님의 반응 : 어퍼컷 세레모니를 날리다가 주머니에 손을 찔러 돈을 주셨다.
- 나의 생각 : 우리 가족이 점점 재미있어지고 있다는 느낌이 들었다. 게다가 용돈까지 받으니 더 좋았다.

- 칭찬 상황 : 아빠한테서 문자 메시지가 왔다. "아들아, 공부하기 힘들지? 그래도 조금만 힘내자."
- 칭찬한 말 : 문자로 답장을 보냈다. "알았어! 아빠, 사랑해!"
- 부모님의 반응 : 집에 들어가니 아빠가 고기를 구워 주셨다.
- 나의 생각 : 직접하는 것보다는 휴대전화 문자로 하니까 칭찬하기가 쉬운 것 같다. 더 좋은 칭찬을 많이 해야겠다.

언제부턴가 내가 변하고 있다

아이들은 부모를 칭찬하고 부모의 반응을 관찰하지만 부모가 변화하기에 앞서 칭찬하는 자신이 먼저 달라지고 있음을 느낀다. 칭찬하기 위해 부모에게 관심을 집중하다 보니 부모의 아픔을 이해하게 되고 노고에 감사하는 마음이 저절로 일게 되는 것이다. 자신을 사랑해 주는 부모에게 감사하고 자신이 가진 것을 감사하는 마음이 있는 사람은 결코 함부로 행동하지 않는다. 그러면서 우리 아이들은 급격한 성장기를 맞이하게 된다.

- 칭찬 상황 : 엄마가 피곤해하자 아빠가 요리를 하셨다.
- 칭찬한 말 : 아빠, 힘든 엄마를 위해 요리하시는 모습이 멋져 보여요.
- 부모님의 반응 : 남자와 여자의 일은 구분이 없는 거야. 엄마가 힘들 땐 아빠가 돕고 아빠가 힘들 땐 엄마가 도와야지.
- 나의 생각 : 오늘 칭찬을 하면서 한가지 교훈을 얻었다. "서로 돕자!"

- 칭찬 상황 : 엄마가 아침밥을 차려 줄 때.
- 칭찬한 말 : 엄마, 매일 아침 일찍 일어나기 귀찮지 않아? 아침 일찍 일어나는 거 보면 참 대단해!
- 부모님의 반응 : 니가 한 숟갈이라도 더 먹어야지 엄마 마음이 편해.
- 나의 생각 : 귀찮아서 아침밥 안 먹고 다녔는데, 반성해야겠다.

- 칭찬 상황 : 학원에 가려고 집을 나서다 말고.
- 칭찬한 말 : "엄마, 나 학원 갔다 올게" 하고 안아 드렸다.
- 부모님의 반응 : "아유, 웬일이야?" 하고 피식 웃으신다.
- 나의 생각 : 내키진 않았지만 엄마가 웃는 모습을 보니 잘했다는 생각이 든다.

- 칭찬 상황 : 학교에 갔다 오니 엄마가 청소를 하고 계셨다.
- 칭찬한 말 : 엄마, 항상 우리를 위해 열심히 일하셔서 진짜 고마워요.
- 부모님의 반응 : 지지배…… . 요즘 철이 들었는지 공부도 열심히 하고, 이뻐 죽겠어!
- 나의 생각 : 나도 요즘 내가 철이 든 것 같은 느낌이 든다. 앞으로 더 열심히 생활해야겠다.

칭찬 몇 번에 부모님이 변하셨다

자녀를 사랑하는 부모의 마음에는 큰 차이가 없다. 상황이나 환경의 차이, 마음의 여유나 표현력의 차이가 정도를 다르게 할 뿐, 아이들이 부모를 그리워하듯 부모 또한 아이들을 그리워하고 아이들을 사랑을 소망한다. 이런 부모들에게 건네는 작은 칭찬과 사랑의 말들은 부모를 감동시키기에 충분하다. 칭찬 몇 번만으로도 부모는 충분히 행복해 하고 짧은 시간 안에 개선되어 간다. 자녀를 낳아 기르는 보람을 한순간에 느끼게 되니 변할 수밖에 없는 것이다.

* 칭찬 상황 : 회식에 간 아빠에게 술 드시지 말라고 전화 드렸더
           니 정말 일찍 들어 오셨다.
* 칭찬 한 말 : 오~ 아빠, 웬일이세요? 오늘따라 일찍 들어 오시
           고…… . 착해지셨네요.
* 부모님의 반응 : 우리 마누라 보고 싶어서 왔지~.
* 나의 생각 : 칭찬 활동 시작한 지 며칠 만에 아빠가 이렇게 변
           한 것은 기적이다!

* 칭찬 상황 : 엄마와 아빠가 다투셨을 때.
* 칭찬 한 말 : 엄마 아빠! 싸우지 말고 다정했던 연애 시절을 떠
           올려 보세요!
* 부모님의 반응 : 처음엔 놀란 듯 가만히 계시더니, 두 분 다 크
           게 웃으셨다.
* 나의 생각 : 칭찬 한마디로 살벌한 냉전 분위기가 순식간에 가
           신 것 같아 기분 좋다.

* 칭찬 상황 : 엄마가 청소를 하고 있는데 아빠가 들어 오셨다. 엄
           마 보고 쉬라고 하면서 아빠가 걸레질을 하셨다.
* 칭찬 한 말 : 우와, 아빠 좀 멋있는데!
* 부모님의 반응 : 우쭐해진 우리 아빠, 걸레질을 더 열심히 하셨다.
* 나의 생각 : 어른들도 귀여울 때가 있는 것 같다. 아빠가 항상 우
           리 가족을 사랑해 주시고, 행복하게 살았으면 좋겠다.

* 칭찬 상황 : 엄마가 내 교복을 빨고 계셨다.
* 칭찬 한 말 : 엄마 하지 마세요. 제가 할게요. 이쁜 엄마 손이 트

잖아요.
- 부모님의 반응 : 호호호……. 그래, 네가 해라.
- 나의 생각 : 엄마의 행동이 바뀌었다. 저녁 메뉴도 확 바뀌었다.

사랑의 감동이란 바로 이런 것!

청소년기의 아이들은 감수성이 매우 뛰어나고 모든 일에 대해 민감하게 반응한다. 부모의 포옹 한번에 가슴이 뭉클해지고, 하룻밤 병간호에 부모의 소중함을 온몸으로 느낀다. 부모의 사랑을 체감하고 가슴 찡한 감동을 느껴 본 아이가 밖에 나가서 부모를 실망시킬 일은 없을 것이다. 솔직한 칭찬과 진심 어린 눈길 한 번이 아이를 가르치고 바른 길로 이끄는 최고의 방법인 것이다.

- 칭찬 상황 : 엄마가 나를 위해 목도리를 짜고 계셨다.
- 칭찬한 말 : 엄마, 나를 위해 목도리를 짜 주시는 엄마가 정말
  좋아요.
- 부모님의 반응 : "조금 불편할지도 몰라"라고 하면서 쑥스러워
  하셨다.
- 나의 생각 : 엄마가 나를 위해 짜 준 목도리를 하고 다니면 정
  말 따뜻할 것 같다.

- 칭찬 상황 : 아버지와 이런저런 이야기를 하다가.
- 칭찬한 말 : 아버지, 저를 끔찍이 사랑해 주셔서 행복해요.

- 부모님의 반응 : 아무 말 없이 꼭 안아 주셨다.
- 나의 생각 : 사랑한다는 표현을 좀더 자주 해 드려야겠다.

- 칭찬 상황 : 엄마한테 사소한 일로 혼난 뒤에.
- 칭찬한 말 : 엄마, 죄송해요. 더 좋은 딸 되고 싶은데 그러지 못해서……
- 부모님의 반응 : 괜찮아. 엄마도 더 좋은 엄마 되도록 노력할게. 너도 같이 노력하자.
- 나의 생각 : 뭉클했다. 더 좋은 딸이 되어야겠다.

- 칭찬 상황 : 오후에 비가 와서 걱정했는데 엄마가 데리러 와서 내 친구들까지 데려다 주셨다.
- 칭찬한 말 : 내 친구들까지 챙겨 주고 신경 써 줘서 고마워.
- 부모님의 반응 : 우리 딸, 친구도 별로 없는데, 잘해 줘야지!
- 나의 생각 : 칭찬일기를 쓰다 보니 부모님에 대해 보다 깊이 생각하게 되는 것 같다. 부모님께 고맙고 미안하다.

나도 모르게 자신감이 생겼다

수줍음 많은 아이들이 입 밖으로 칭찬을 내뱉는 데는 상상 이상의 노력과 용기가 필요하다. 마음과 달리 엉뚱한 소리라도 하게 되면 어쩌나, 부모가 냉담하게 반응하거나 비난하면 어쩌나, 일단 말해 놓고 나면 얼마나 쑥스럽고 어색할까 등을 생각하다 보면 마음먹은 대로 바로바로 칭찬하는 것 자체도 어려운 일이다. 이런 아이들이 가장 친밀한 가족과 칭찬의 경험을 나누다 보면 대인관계에 있어 자신감을 갖게 된다. 여기에는 부모의 우호적인 반응이 중요한 영향을 미친다. 아이의 칭찬이 다소 서툴더라도 그 마음을 받아들여 반응해 주면 아이들은 이내 용기를 갖고 다시 시도하게 된다.

- 칭찬 상황 : 잠자려고 각자의 방으로 향하는 중.
- 칭찬한 말 : 아빠 엄마, 안녕히 주무세요. 제가 사랑하는 거 아시죠?
- 부모님의 반응 : 얼굴이 빨개지면서 두 분 다 우물쭈물 방으로 들어가신다.
- 나의 생각 : 편지로는 사랑한다는 말을 여러 번 해봤지만, 직접 말로 한 건 처음인 것 같다. 나도 어색했는데 엄마 아빠도 그런가 보다. 다음번엔 좀 더 자연스럽게 해봐야겠다.

- 칭찬 상황 : 외식을 나갔는데 엄마가 고기를 굽느라고 잘 드시지는 못하는 것 같았다.
- 칭찬한 말 : 엄마, 고기 굽느라 힘들지. 빨리 엄마도 먹어, 내가 구울게.
- 부모님의 반응 : 엄만 너희들이 먹는 것만 봐도 배불러!
- 나의 생각 : 처음으로 하는 칭찬이라 목소리도 작고 좀 더듬기도 했지만 반응이 좋아서 자신감이 생겼다. 다음에는 좀 더 자신감 있고 당당하게 해야겠다.

- 칭찬 상황 : 아빠 친구 분들이 와서 노는데도 아빠가 술을 드시지 않았다.
- 칭찬한말 : 술을 마시지 않는 아빠가 자랑스러워요.
- 부모님의 반응 : 나를 불러다 친구들에게 자랑하셨다.
- 나의 생각 : 좀 쑥스러웠지만 기분은 좋았다. 그게 장한 일이라도 한것 같은 기분이 들었다.

- 칭찬 상황 : 학원 수업 끝나고 들어오는데 아빠가 밖에서 담배를 피우고 계셨다.
- 칭찬한말 : 아빠, 날도 추운데…… 그래도 냄새 안 풍기려고 그러는 아빠가 참 좋아요.
- 부모님의 반응 : 그래, 빨리 들어가자.
- 나의 생각 : 솔직히 그렇게 추운 날은 아니었다. 하지만 내가 한 말에 소름이 돋아서 한동안 찬바람이 불고 간 듯했다. 그래도 아빠가 잘 받아 주셔서 크게 쑥스럽진 않았다.

부모님께 효도로 보답하고 싶다

아이들은 생활을 꾸려 가느라 고생하는 부모의 모습이나 힘들면서도 내색하지 않는 희생정신, 어느덧 나이 들어가는 부모를 바라보며 안타까움과 미안함을 느낀다. 또 그렇게 자신의 아픔을 감수하고 가정이라는 튼튼한 울타리를 만들어 가는 부모에게 든든함을 느낀다. 어쩌다 스쳐 가는 쓸쓸한 표정 하나도 아이들에겐 큰 의미로 다가온다. 아이들의 눈과 마음이 거기에 가 닿았다는 것만으로도 진실한 사랑과 효도는 이미 시작된 셈이다.

- 칭찬 상황 : 어버이날 카네이션을 달아 드리며.
- 칭찬한 말 : 어머니 아버지, 행복하게 사시는 모습 보기 좋아요.
- 부모님의 반응 : 얼마 남지 않은 인생, 싸워서 뭐하냐? 편하게 살다 가련다.
- 나의 생각 : 마흔넷에 벌써 갈 생각을 하시다니! 내가 잘해 드려야지.

- 칭찬 상황 : 할머니가 침대에 누우시며, 힘들다고 빨리 가고 싶다고 하셨다.
- 칭찬한 말 : 할머니, 할머니는 나 결혼할때까지 살아야돼! 할머니가 있어서 정말 좋은 걸요! 사랑해요!
- 부모님의 반응 : 아무 말씀도 없으셨지만 할머니의 눈에 눈물이 고였다.
- 나의 생각 : 집안일은 이제 내가 해야겠다.

- 칭찬 상황 : 문득 유머러스하고 듬직한 아빠가 든든할때.
- 칭찬한 말 : 우리 아빠는 힘든 내색도 안 하고 정말 든든해.
- 부모님의 반응 : 안 힘들어, 임마!
- 나의 생각 : 힘들어도 내색도 안하시는 아빠의 모습이 자랑스럽다.

- 칭찬 상황 : 엄마가 쓴 시를 읽으며.
- 칭찬한 말 : 엄마 문학 쪽으로 나갔으면 진짜 성공했겠다. 짱이야!

* 부모님의 반응 : "새삼스럽게……"라고 말하며 약간 씁쓸한
  표정을 지으셨다.
* 나의 생각 : 엄만 정말 실격 있는데…… 나중에 돈 벌어서 시
  집 한 권 내드려야지!

아이들이 손꼽는 최고의 칭찬경험

아이들은 부모님을 칭찬하면서 뜻하지 않았던 감동을 경험하게 된다. 그 감동은 칭찬에 대한 부모님의 반응에서 오기도 하고, 용기를 내 어렵게 칭찬하는 자신의 내부에서 우러나오기도 한다. 아이들이 적어 낸 감동의 순간을 읽어보고 있노라면 보는 것만으로도 감동이 전해져 온다.

● 시험공부를 하느라 12시에야 집에 들어왔다. 엄마가 그때까지 나를 기다리고 계셔서 나도 모르게 "엄마 나 좀 안아줘"라고 하자 포근히 안아주셨다. "엄마도 너처럼 힘든 때가 있었어. 조금만 참고 열심히 하자"라고 말씀하셨다. 그때의 감동이 아직도 생생하

게기억에 남아 있다.

• 내 방에서 공부를 하고 있는데 엄마가 간식을 들고 오셨다. 망설이다가 "엄마, 간식 잘 먹을게. 사랑해!"라고 했더니 엄마가 나를 꼭 껴안아 주셨다. 엄마한테 "사랑해"라는 말을 처음으로 한 순간이었다. 혼자서 잠깐 감동에 젖었다.

• 엄마 몰래 칭찬일기를 쓰고 있었는데 엄마가 우연히 보셨나 보다. 저녁에 와 보니 칭찬일기 사이에 엄마의 편지가 들어 있었다. 순간 아차 싶었지만 엄마를 칭찬하기 위해 노력하는 내 모습을 칭찬해 주시는 내용이었다. 감동적이었다.

• 칭찬 수업을 마치면서 받은 엄마의 편지를 읽고 엄마가 나를 얼마나 사랑하는지 알게 되었다. 형식적으로 몇 줄 적어 주시지 않을까 했는데 진심을 전하기 위해 고민한 흔적이 역력해 진짜 감동적이었다.

• 엄마랑 등산을 하던 날, 중간에 힘들어서 엄마 등에 기대었는데 얼마나 편하던지 잠이 올 것만 같았다. "엄마 등 너무 편하다"라고 했더니 엄마가 "엄마니깐 편하지"라고 말씀하셨다. 왠지 모르게 감동이 밀려오며 눈물이 쏟아질 것 같았다. 지금도 그때의 감정을 잊을 수가 없다.

• 아빠와 함께 TV를 보고 있는 중에 술 마시는 장면이 나왔다.

"아빠가 요즘 술을 안 드셔서 마음이 편안해요" 했더니, 멋쩍은 듯 웃으며 "우리 딸 말만 들었을 뿐인데……" 하신다. 내 부탁을 흘려 듣지 않고 약속을 지켜 주신 아빠가 너무 자랑스럽고 감사했다.

● 자주 다투시던 엄마 아빠가 칭찬을 하면서 사이가 많이 좋아지셨다. 어느 날은 아빠가 엄마한테 목걸이를 선물하셨는데, 엄마는 결혼한 뒤에 처음 받아 보는 목걸이라며 웃으셨다. 보고 있는 내가 너무 좋아서 가슴이 다 두근거렸다. 우리 집도 이제 '행복한 가정'이 된 것 같아 감동이 밀려오며 눈물이 핑 돌았다.

나는 아이들의 칭찬일기를 읽을 때마다 혼자서 감동에 젖어 눈물을 흘리곤 한다. 우리 아이들은 아직 어리지만 교사나 부모들이 생각하는 것보다 훨씬 어른스럽고 속이 깊다. 부모의 아픔을 들여다볼 줄도 알고, 사소한 행동에 감사하며 행복해 할 줄도 안다. 매사에 민감하게 반응하고 감수성이 예민한 나이니만큼 여느 시기에 비해 교육의 효과도 커 작은 노력으로도 큰 보람을 얻을 수 있다.

칭찬 활동 중 기억에 남는 일

아이들이 기억에 남는 일로 손꼽는 것은 부모들이 생각하는 것과는 다소 차이가 있다. 아이들의 생각을 들어보면 아이들에 눈에 비치는 부모의 모습이 어떤지 보다 정확히 알 수 있다. 아이들은 비 오는 날 우산 한 번에 아빠를 새롭게 보게 되고, 엄마가 따뜻하게 건네는 걱정스런 말 한마디를 두고두고 기억한다. 아이들이 칭찬 활동을 하면서 부모와 함께 겪었던 일 중 기억에 남는 것들이다.

● 엄마랑 싸우고 나서 함께 공원에 나갔다. 난 화가 나서 그냥 걷고 있는데, 엄마가 미안하다고 사과를 하셨다. 정말 잘못하고 미안한 건 나였는데 엄마가 먼저 사과를 하니 죄송하고 감사해서 어쩔 줄을 몰랐다.

● 내 생일이었지만 별다른 이벤트는 생각도 못하고 있었다. 밤에 학원 수업을 마치고 피곤한 몸으로 집에 돌아왔는데 엄마가 깜짝 파티를 준비해 놓고 계셨다. 너무 기쁘고 감동적이어서 피로가 순식간에 싹 가시는 것 같았다.

● 엄마한테 처음으로 한 칭찬이 기억에 남는다. 별 건 아니었지만, 엄마가 깜짝 놀라며 "너 이제부터 엄마한테 좋은 말만 하기로 했냐?" 하셨다 그 말을 듣는 순간, 내가 그동안 엄마를 얼마나 함부로 대했는지 깨닫게 되었다. 깊이 반성하고 칭찬일기를 더욱 열심히 썼다.

● 아빠에게 처음으로 칭찬했을 때, 한번 힐끗 쳐다보시더니 대꾸

85

도 안 하고 방으로 들어가 버리셨다. 그렇게 냉담한 반응이 나올 줄이야! 아빠가 칭찬에 익숙하지 않은 건지 내 칭찬이 서툴렀던 지…… 칭찬한 후에 오히려 고민에 빠졌다. 하지만 차츰 좋아지고 계신 것 같다.

아이들은 칭찬을 통해 새로운 경험들을 쌓아 간다. 특히 부모와 공유한 추억이 별로 없는 아이들일수록 부모의 반응이나 작은 변화를 눈여겨보며 소중한 가치를 깨닫게 된다. 부모의 사소한 배려를 통해 자신을 돌아보게 되고 부모의 깊은 사랑을 느끼기도 한다. 이렇게 생활 속에서 작은 변화를 경험한 아이들이 이전과 달라지는 것은 달리 말할 필요도 없다. 또한 짧은 순간 각인된 기억이 평생 가슴 한켠에 남아 있을 것이다.

가정 회복을 향해 달려가는 칭찬수업

칭찬 수업은 칭찬일기를 쓰는 데서 멈추지 않고, 가정회복을 위해 작은 힘이라도 보태기 위해 여러 가지 노력을 기울이고 있다. 부모와 자녀가 함께 참여하는 공개수업이나 세족식 등이 대표적인 예인데, 이 과정을 통해 아이와 부모가 가정회복을 직접 경험하게 하는 것이다. 이런 경험은 당장 모든 문제를 해결하지는 못하더라도 문제 해결법에 보다 가까이 접근하고, 변화를 시도하게 하고, 행복하고 단란한 가정 만들기에 동참하게 하는 효과가 있다.

칭찬수업은 크게 네 단계로 이루어진다. 첫 번째 단계는 칭찬일기 쓰기로 아이들에게 주어지는 과제다. 두 번째 단계는 공개

수업에 부모님 초대하기로, 부모와 아이가 함께 수업에 참여하는 것이고, 세 번째 단계는 세족식으로, 아이들의 보모님의 발을 씻겨 드리는 행사다. 네 번째는 단계 피드백으로, 수업을 정리하는 단계다.

1. 칭찬일기

- 아이들이 받게 되는 과제는 부모님을 칭찬하는 것이다. 이 과제는 두 달 동안 30회에 걸쳐 이루어지는데, 4줄짜리 칭찬일기를 통해 비밀리에 기록을 남겨야 한다.
- 30회의 과제가 완성되면 부모님께 칭찬일기를 공개하고 부모님의 감상 편지를 받아온다.

2. 공개수업

- 칭찬 과제가 끝나면 아이들은 부모님을 초대해 공개수업을 하게 된다. 이때 오시는 분은 아버지, 어머니를 비롯해 할머니나 언니, 이모 등 함께 거주하며 주요 칭찬 대상이 되었던 가족들이다.
- 부모님은 자리가 마련되어 있는 교실로 안내되어 준비된 멀티미디어 자료를 시청하고 아이들이 미리 써 놓은 편지를

읽게 된다.

- 시간이 되면 부모님들은 아이들이 기다리는 공개수업 교실로 이동해 열렬한 환영인사를 받는다.

- 부모와 자녀가 함께 참여하는 공개수업을 진행한다. 수업은 함께 하는 노래나 게임, 칭찬일기나 서로 주고받은 편지 발표 등 다양한 참여 프로그램으로 구성된다.

3. 세족식

- 세족식 준비가 되어 있는 교실로 이동해 자리에 앉으면 아이들이 들어와 부모님 앞에 무릎을 꿇고 앉아 명상의 시간을 갖는다.

- 아이들이 부모님의 발을 씻겨 드린다. 이때 아이들과 부모님의 반응은 매우 다양하다. 즐겁고 장난스러운 분위기도 있고, 감동의 눈물을 흘리는 가정도 있다.

- 불을 끄고 어둠과 음악 속에서 포옹의 시간을 갖는다. 일련의 칭찬수업이 결실을 맺는 시간이다. 이때는 모두가 따뜻하고 감동적인 정서를 경험하게 된다.

- 수업을 모두 마치고 부모와 자녀가 함께 돌아간다. 칭찬의 기쁨과 부모님의 사랑을 가슴으로 체험하며 가정 회복에 진

전을 이루는 과정이다.

4. 피드백

• 다음 수업 시간에 칭찬 활동이나 공개수업, 세족식 등을 통해 느낀 점을 발표하며 칭찬수업을 마무리한다.
• 수업과는 관계없이 공개수업에 참석한 부모님이나 스스로의 변화를 고백하고 싶어 하는 학생들로부터 개별적으로 피드백이 이루어지기도 한다.

Part.3

칭찬으로 치유된
문제 가정의 아이들

칭찬도 배워야 하고 연습하고 단련해야 한다.
특히 어려운 환경,
칭찬거리가 없는 가정일수록 서로 칭찬해야 한다.
행복한 가정을 완성하는 데 칭찬은
경제적인 풍요나 아이들의 성적 향상보다
훨씬 강력한 영향력을 발휘하기 때문이다.
칭찬은 한 개인의 생각하는 방식을 바꾸고
가치관을 변화시킨다.
그 안에는 우리 인생을 바꾸는 강력한 힘이 잠재되어 있다.

힘들 때 하는 칭찬이 진짜 칭찬이다

부모님의 불화나 이혼, 장기간의 질병이나 사망, 경제적인 곤란, 아이 본인의 건강 문제나 형제간의 갈등, 좀처럼 향상되지 않는 성적 등 우리 아이들을 괴롭히는 일들은 생각보다 많다. 특히 양쪽 부모가 모두 계시면서 화목한 관계를 형성하는 가정의 아이에 비해 그렇지 못한 아이들은 알게 모르게 상처를 많이 받는다. 사춘기나 청소년기에 이런 일을 겪으면 아이들은 자기도 모르게 위축되고 부정적인 성향을 갖게 된다. 이럴 때일수록 문제를 이겨내고 서로의 사랑을 확인하려는 노력이 중요하다.

우리 아이들은 부모가 생각하는 것보다 많은 생각을 하고, 부

모가 생각하는 나이보다 성숙하다. 아직 몸집이 작고 어리광을
부린다고 해서 마냥 어린애로만 생각해서는 안 된다. 부모가 아
무리 노력한다고 해도 '내가 네 나이 때는' 하는 생각을 벗어버
릴 수는 없기 때문에 자신이 요즘 아이들의 사회성이나 정서 발
달에 대해 의외로 둔감할 수도 있음을 스스로 감안해야 한다. 가
정의 어려움에 대해 우리 아이들이 어떤 생각을 하고 어떤 식으
로 반응하는지 살펴보면 아이들의 마음을 보다 정확하게 이해할
수 있다.

- 칭찬 상황 : 엄마가 교통사고로 병원에 입원하고 집에 안 계실
  때 아빠와 이야기함.
- 칭찬한 말 : 엄마가 없으니까 외로워! 우리 집엔 엄마가 꼭 있
  어야 돼.
- 부모님의 반응 : 아빠도 외로워. 심심하기도 하고…….
- 나의 생각 : 엄마의 존재가 소중하고 꼭 필요하다는 것을 느꼈다.

- 칭찬 상황 : 아빠가 반복되는 생활에 지치신 것 같았다.
- 표현한 말 : 문자 메시지를 보냈다. "항상 열심히 일하시는 아
  빠가 정말 자랑스러워요."
- 부모님의 반응 : 바로 답장이 왔다. "고맙다. 참! 동생 잘 챙겨
  주고……. 사랑해!"
- 나의 생각 : 아빠한테 힘을 드린 것 같아서 뿌듯하다. 오늘밤은
  유난히 잘해 주시는 것 같다.

- 칭찬 상황 : 암으로 투병 중인 엄마한테 새 모자를 선물했다.
- 표현한 말 : 너무 잘 어울려, 엄마!
- 부모님의 반응 : 너 생각보다 눈이 높다!
- 나의 생각 : 빨리 머리가 기르셔서 모자를 안 썼으면 좋겠다.

　어떤 이유에서건 부모로부터 충만한 관심과 애정을 받지 못하고 자란 아이들은 자신의 정체성이나 자존감마저 지키지 못하는 경우가 많다. 이 아이들은 부모에 의해 일방적인 희생양이 되기도 하고, 가장 쾌활하고 거칠 것 없이 달려 나가야 하는 청소년기를 눈물과 소외감으로 보내기도 한다. 이 아이들을 칭찬의 광장으로 이끌어 내려면 "우리 부모님은 안 돼"라는 누적된 절망감을 깨야 한다. 자성의 눈을 나와 나의 가정으로 돌림으로써 자신의 모습을 있는 그대로 인정하고 가정이라는 자신의 환경을 가감 없이 수용해야 하며 가족 구성원으로서의 의미와 소속감, 자신과 부모의 능력과 한계를 받아들여야만 한다. 자신과 부모의 정체성을 되찾아야만 마음을 열고 가정 안으로 들어갈 수 있기 때문이다.

>> 엄마, 아빠랑 이혼할 거야?

소연이의 부모는 유난히 부부 싸움이 잦았다. 소연이가 적어 낸 칭찬일기는 눈물로 얼룩져 있었다.

엄마와 아빠는 자주 다퉜다. 집에 들어온 나와 내 동생은 방안에 처박혀 있어야 했다. 밖에서는 엄마와 아빠가 다투는 소리가 들렸고, 나와 동생은 무서워서 눈물을 흘렸다. 그때 할아버지 할머니가 들어오시는 기척이 들렸다. 두 분이 한참을 말린 뒤에야 엄마 아빠의 싸움은 끝이 났다.

그리고 몇 시간 뒤 엄마는 내 방문을 열었다. 눈이 부어 있는 엄마……. 왜 우냐고 하시면서 우리들의 눈물을 닦아 주셨다. 하지만 그때만큼은 엄마 아빠가 정말 그렇게 싫을 수가 없었다. 엄마에게 나는 물었다 "엄마, 아빠랑 이혼할 거야?" 엄마는 '응' 이라고 하시면서 나에게 누구랑 살 거냐고 물으셨다. 정말 끔찍했다. 눈물이 쏟아져 엉엉 울기 시작했다. 계속 울면서 물어보시는 엄마……. 엄마는 얼마나 가슴이 아팠을까?

나는 대답했다. 할머니 할아버지랑 살겠다고, 다 필요 없다고. 나는 그렇게 하루 종일 울고만 있었다. 며칠 뒤로 보류되었던 아빠 엄마의 이혼은, 엄마 아빠의 친구들이 집에 와서 화해시키는 것으로 일단락이 되었다. 지금도 매일 이혼한다 하면서 싸우시는데, 이젠 별로 두렵지 않다.

소연이 역시 '부모님을 칭찬하라'는 도덕 수행평가를 하기 위해서 '부모님 칭찬일기'를 써야 했다. 원래 무뚝뚝한 성격에, 부모님께 칭찬해 드릴 만한 것이 별로 없다고 생각한 터라 무척 난감해 했다.

- 칭찬 상황 : 매일 싸우던 부모님이 오늘은 둘이 같이 가게 일을 하고 있었다.
- 칭찬한 말 : 매일 싸우는데도 오늘은 붙어 있네? 그럴 거면서 왜 싸워?
- 부모님의 반응 : 아빠는 무관심이고, 엄마는 나 보면서 "우리가 언제 싸웠어?"
- 나의 생각 : 내 말이 원래 딱딱하고 무뚝뚝해서 칭찬인지 뭔지 모르겠지만, 내 방식대로 칭찬했다.

- 칭찬 상황 : 외식하러 가자고 하시며 "뭐 먹고 싶어?" 하고 물으셨다.

- 칭찬한 말 : 원하는 거 먹게 해주셔서 감사해요 .
- 부모님의 반응 : 무뚝뚝하신 아빠는 내가 칭찬하면 웃기만 하신다.
- 나의 생각 : 아빠의 반응이 좀더 밝았으면 좋겠다.

　아이들이 부모님께 바라는 것 중에 하나가 제발 부모님들이 싸우지 않으면 좋겠다는 것이다. 부모님이 싸울 때 너무 슬프고 아무것도 할 수 없는 자신에게 화가 난다고 한다. 좋은 부모란 아이들에게 좋은 것을 사주고 용돈을 많이 준다고 되는 것이 아니라 부부가 행복하게 살아가는 모습을 보여주어야 하는 것이다.

- 칭찬 상황 : 친구들이 놀러 와서 아빠가 먹을 거 사 먹으라고 돈을 주셨다.
- 칭찬한 말 : 감사해요 . 친구들이 아빠 멋있대.
- 부모님의 반응 : "아우～ 아빠가 그렇게 잘 생겼냐?" 하며 웃으신다.
- 나의 생각 : 오랜만에 아빠가 농담을 해서 기분이 좋았다.

- 칭찬 상황 : 새벽에 시장 나가시는 아빠가 나를 깨우시며 용돈을 주셨다.
- 칭찬한 말 : 아빠 피곤한데 일 열심히 하셔서 고마워. 그래도 건강해야지.
- 부모님의 반응 : "더 자라" 하고 웃으며 나가신다.
- 나의 생각 : 포옹을 하고 싶었지만 선뜻 용기가 나질 않았다.

부모의 농담 한마디에 아이들은 행복을 느낀다. 아이들에게 눈높이를 맞춰 맞장구도 쳐주고 농담도 받아 주고 장난도 걸어 주는 부모에게 아이들은 감동하는 것이다.

- 칭찬 상황 : 삼계탕을 먹고 싶다고 하니까 아침에 사오셨다.
- 칭찬한말 : 역시 아빠밖에 없어요.
- 부모님의 반응 : "아빠가 최고냐?" 하면서 웃으신다.
- 나의 생각 : 아빠가 아침부터 기분이 좋으셔서 나도 좋았다. 더욱 가까워진 아빠를 열심히 칭찬해야지.

- 칭찬 상황 : 밤에 엄마가 나를 부르셔서 나가 보니 어깨가 아프다고 주무르라고 하셨다.
- 칭찬한말 : 우리 때문에 힘들게 일하시는 엄마가 좋아요. 고마워요.
- 부모님의 반응 : 음. 거기 좀 주물러라. 아프다, 살살……
- 나의 생각 : 칭찬 활동 하면서 엄마 아빠께 미안한 점을 아주 많이 발견했다.

소연이는 부모님을 칭찬하며 부모님의 반응이 재미있기도 하고, 웃어 주고 대꾸해 주시는 부모님께 고맙기도 했다. 칭찬 활동을 하고 나니 엄마랑은 친구같이 편해져서 좋았고, 아빠는 특히 웃음이 많아지고 말투도 한결 부드러워지셨다고 한다.

칭찬하기 위해 열심히 부모님을 관찰하다 보니까 부모님의 장점이 보이고 부모님의 은혜를 깨닫게 되고, 가정의 화목이 자기의 칭찬 한마디로부터 나오는 것을 느끼며 스스로 흐뭇해하고 있었다. 전에는 말을 툭툭 내뱉곤 했는데 이젠 조심스럽게 말하고 행동하게 되었다고, 또 그동안 부모님께 함부로 대한 행동을 반성하고 효도를 다짐하게 되었다고 소감을 적고 있다.

또 부모님께 드리는 편지에는 "어제도 그랬지만 둘이 너무 자주 싸우시잖아요. 솔직히 옆에서 보는 나는 짜증나고 정말 싫어요. 아빠가 소리 지르고 엄마한테 짜증내고 그러지 않았으면 좋겠어요. 저도 칭찬일기 쓰면서 생각해 보니 그동안 두 분께 너무 말도 막 하고 잘못한 것 같아요. …… 엄마 아빠가 힘들게 일하시는 것 모른다고 하시는데, 저도 다 알아요. 열심히 생활할게요. 항상 감사해요" 하는 내용들이 담겨 있다. 부모님의 마음이 이해되고 나니 부모님의 행동이 이해되고, 부모님에 대한 미움이 없어지고, 부모님이 용서되고, 나중에는 부모님을 사랑하게 되었다고 고백하고 있다. 칭찬하기 전에는 부모님이 나를 먼저 이해해 주기를 바랐지만, 부모님을 칭찬하기 위해 부모님을 바라보면서 부모님에 대한 이해의 폭을 넓혀 가게 된 것이다.

소연이의 편지를 받은 어머니의 편지에도 깊은 애정과 화해의 메시지가 담겨 있다.

“엄마가 널 실망시킬 때도 많았지만 그때마다 잘 이해해 줘서 고마워. 칭찬에 인색한 엄마였는데 말이야. …… 식구들끼리 스킨십이며 사랑 표현이 너무 없었던 것 같아. 속마음이야 식구 모두 너무 사랑하고 있다는 거 잘 알지만, 앞으로는 좀더 표현하며 살자꾸나.”

소연이가 엄마 아빠한테 실천한 칭찬이 엄마의 토대를 변화시키고 있음을 알 수 있다. 소연이네 가정은 아직도 싸움이 잦지만 이혼의 위기를 칭찬으로 넘기며 희망의 씨앗을 싹틔우고 있다.

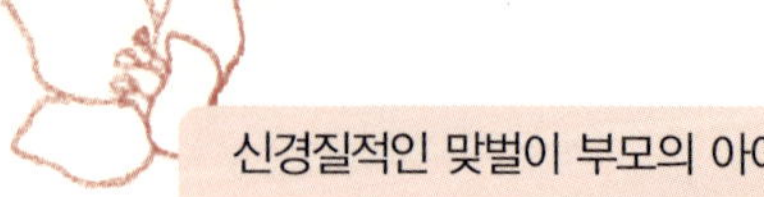

부모님이 맞벌이를 하고 있는 유미네는 엄마가 좀 신경질적인 편이다. 유미는 자기 가정의 분위기를 다음과 같이 표현하고 있다.

우리 가족은 엄마가 기분 좋으면 가족 모두가 좋고, 엄마가 조금이라도 화를 내거나 짜증을 내면 그날은 온 가족의 기분이 좋지 않았다. 그리고 엄마는 외갓집에 가면 웃음이 절로 나는데 할머니 댁에 가면 짜증내기 일쑤였다. 나는 그런 엄마의 행동이 정말 이해가 안 가고 싫었다. …… 언젠가 가족끼리 등산을 가는데, 엄마 아빠가 맨 뒤에서 올라오면서 싸우시는 것이었다. 들어보니 버너 속에 부탄가스를 넣어 둔 채 자동차 트렁크에 두었는데, 엄마는 터질까봐 걱정돼서 아빠한테 차 있는 데로 가보라고 하셨고, 아빠는 괜찮으니 빨리 올라가자며 다투고 계셨다. 정말 황당하면서도 유치하기 그지없었다.

유미의 부모님은 유미가 어릴 때부터 맞벌이를 해서 자녀 교육에 충분히 손이 미치지 못했다. 부모님이 집에 안 계시다 보니 집안의 작은 일들은 유미의 몫이 되었다. 그러나 어린 유미는 부모의 기대를 충족시키지 못했다. 자연히 유미 어머니의 훈계가 이어졌고 유미는 엄마의 '잔소리'가 싫어 대들다 매를 맞는 악순환이 거듭되고 있었다. 유미는 부모가 마치 자신의 공부에는 관심이 없는 것처럼 보여서 서운했다. 그래서 자기는 부모가 되면 아이에게 다양한 체험을 하게 해주는 부모가 되겠다고 다짐하곤 했다.

하지만 과제 때문에 부모님을 칭찬할 수밖에 없었고 유미 역시 짧은 시간을 통해 크게 변화되어 갔다.

- 칭찬 상황 : 엄마가 집을 깨끗이 청소하고 계셨다.
- 칭찬한 말 : 우리 엄마가 있어서 집도 깨끗하고 화목한것 같아요.
- 부모님의 반응 : 네가 뭘 알긴 아는구나.
- 나의 생각 : 우리 엄마 아빠가 웃으시면 모든 게 화목해진다는 것이 정말 기뻤다.

- 칭찬 상황 : 아빠가 쉬고 계실 때 흰머리를 뽑아 드렸다.
- 칭찬한 말 : 아빠는 머리에 흰머리가 가득해도 언제나 멋있어요.
- 부모님의 반응 : 그런 말은 정말 처음 듣는구나. 우리 딸이 최고다!
- 나의 생각 : 나날이 늘어 가는 아빠의 흰머리를 보면 내가 얼마나 속을 썩여 드렸는지 알 수 있다. 앞으로 좋은 딸

이 되어야겠다.

- 칭찬 상황 : 아빠가 일하다가 발목을 삐셨다.
- 칭찬한 말 : 저희 먹이시려고 발목까지 삐시니 정말 면목 없네요. 죄송해요.
- 부모님의 반응 : 아니야. 별거 아니니까, 얼른 들어가서 공부해라.
- 나의 생각 : 난 알고 있다. 부모님들은 아파도 슬퍼도 고통스러워도 자식 앞에선 왜 내색하지 않으시는지…… 나도 모르게 눈물이 난다

유미는 칭찬하기 전에는 말도 별로 안 하고 온갖 짜증과 심술만 부렸었다. 또 맞벌이하는 엄마 때문에 자신이 피해를 입고 있다는 생각을 많이 했었다. 그러나 칭찬을 생활화하면서 엄마의 피곤한 일과를 깨닫게 되었고, 엄마의 아픔을 이해하게 되었다. 유미는 부모님과도 한결 가까워지고 가정이 한층 화목해진 것 같아 기쁘다고 밝힌다. 유미가 부모님께 드린 편지에는 진한 감동이 묻어 있었다.

저를 위해 그렇게 애써 주시는데도 성적도 못 올리는 제 자신이 밉고 죄송스러울 따름입니다. …… 아빠 지갑은 비어도 우리에겐 다른 친구들과 똑같이 지내라며 어떻게 해서든 돈을 주셨죠. 받을

땐 좋았지만 막상 쓰려고 하면 '아빠가 어떻게 주신 돈인데……' 하는 생각에 쓸 수가 없었어요. 돈을 다시 아빠 지갑에 넣어 두었던 것, 알면서도 모르는 척해 주시고 웃음을 지어 보이시던 우리 아빠……. 눈에 주름살은 많아도 정말 멋있는 웃음이었어요. 누구보다 소중한 엄마 아빠! 나에겐 없어서는 안 될 소중한 부모님! 언제나 사랑하고 맏딸로서 열심히 효도하겠습니다.

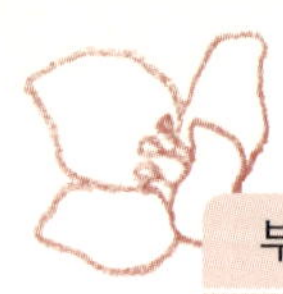

>> 부모님의 이혼, 너무 가혹한 생일 선물이었어요

스스로 자기는 평탄하지 않은 인생을 살았다고 표현하는 소라는 정말로 힘든 시기를 칭찬으로 이겨냈다. 부모님의 이혼으로 아버지와 둘이서 살게 된 소라의 상황부터 살펴보자.

나는 어릴 적부터 혼자 자랐다. 엄마랑 아빠는 돈 버느라 나를 돌보지 못했고, 자연스럽게 나는 TV와 놀았다. 내 인생 16년에서 가장 힘들었던 시기를 꼽으라면 중2 겨울이라고 말할 것이다. 정말로 매섭고 혹독한 겨울이었다. 원래 선물도 잘 안 주셨던 분들이 내 생일에 맞춰 '이혼'이라는 선물을 주셨다. 너무 충격적이었고, 슬펐다. 아빠도 많이 힘드셨겠지만 어린 나에겐 혼자 감당하기 힘든 시간들이었다. 그 다음날, 엄마는 떠났고 집은 허전했다. 난 그렇게 며칠을 집에만 오면 울었다. 울다가 멍해졌다가 다시 또 울고……. 아빠 앞에서는 엄마 이야기를 안 하려고 노력한다. 하지만 아빠는 괜찮으신 것 같다. 그냥 아무렇지도 않게 이야기할 때면 오히려 내가 더 무안해진다.

아빠 항상 어깨가 아프다고 한다. 막을 수 있다면 좋겠지만 아빠의 죽음을 막을 순 없겠지. 아빠는 나한테 보험 얘기를 많이 하신다. 아빠가 죽으면 보험금이 얼마나 나올 거라는……. 아빠가 그 이야기를 할 때면 너무 짜증이 난다.

그래도 소라는 칭찬일기를 쓰기 시작하면서 아빠와 많이 가까워졌다고 느끼고, 또 아빠에게 잘해 드려야겠다고 다짐하곤 한다. 아빠가 술 드시고 늦게 들어오시면 혼자서 저녁을 먹어야 하는 일이 가장 싫지만, 그래도 요즘은 세상은 살아볼 만한 곳이라는 생각을 하고 있다. 칭찬일기에도 그런 마음의 변화가 잘 드러나 있다.

- 칭찬 상황 : 아빠가 나보고 찌개라도 좀 끓여 보라고 해서 햄김 치찌개를 끓였다.
- 칭찬한말 : 아빠, 간 좀 봐주세요.
- 부모님의 반응 : 이게 뭐야. 여기다 햄을 왜 넣었어. 이건 부대 찌개 할 때나 조금 넣는 거지. 너무 많이 넣어 서 햄 맛밖에 안 나잖아. 아빤 그냥 미역국 먹 을게.
- 나의 생각 : 거의 한 시간 동안 서서 요리책 봐 가며 땀 뻘뻘 흘 리면서 만들었는데, 너무 서운했고 눈물이 났다. 아빠가 요리사인 게 너무 싫었다.

- 칭찬 상황 : 저녁에 아빠한테서 전화가 왔다. 또 술 마시느라 늦으신단다.
- 칭찬한 말 : 오늘 문자 메시지 보내는 법 복습해 드리려고 했는데……. 술 조금만 드시고 일찍 오세요.
- 부모님의 반응 : 응, 알았어. (그리고 20분쯤 뒤에 아빠한테서 문자 메시지가 왔다.) "사랑해, 임마."
- 나의 생각 : 뜻밖의 문자를 받고 너무 감동했다. 한 번밖에 안 가르쳐 드렸는데……. 기분 '짱'으로 좋았다.

칭찬일기 마지막 장에 쓴 소라의 편지에는 칭찬을 통해 자신이 어떻게 변화되어 가고 있는지가 잘 드러나 있다. 소라는 스스로 변화되어 가는 것을 느끼고 있으며, 이 계기가 자신의 가정에 있어 얼마나 소중한 기회인지 잘 느끼고 있음을 알 수 있다.

솔직히 예전에는 아빠를 싫어했어요. 매일 술 마시고 늦게 들어와서 설교하시는 아빠가 너무 미웠거든요. 하지만 아빠를 칭찬하기로 한 후부터는 많이 변했어요. 예전엔 아빠한테 반말을 쓰다 보니 아빠를 만만하게 볼 때도 있었는데, 이제 존댓말을 써서 그런지 아빠가 더 존경스러워지는 것 같아요. …… 그리고 엄마……. 가장 보고 싶지만 어쩌면 가장 보기 싫은 것도 엄마일지 몰라요……. 정말 많이 미워하고 보고 싶어 해서 미안합니다. 전화할 때마다 잘 지내고 있다고 거짓말하는 것도 너무 죄송합니다. 항상 내 앞에서만큼은 강한 모습 보이려고 노력하는 거 다 알고 있어서 너무 미안하고, 그런 엄마를 너무 사랑합니다.

자녀는 부모에게 생명보다 소중한 존재임에 틀림없다. 하지만 자녀에게 눈에 보이는 어려움이 닥쳤을 때는 가슴 아파하며 허둥지둥 도와 주지만, 정작 눈에 보이지 않는 마음의 고통으로 힘들어하며 고민하고 방황할 때는 무심코 지나쳐 버리기 십상이다. 부모와 자녀 간에는 지속적인 대화와 관찰이 있어야 함에도 불구하고 바쁜 일상 속에서 대화와 관찰을 실천하기란 그리 쉽지 않기 때문이다. 이제는 우리 아이들도 현실을 똑바로 바라보아야 한다. 부모의 세계를 이해하며 감싸 안고 자신만의 새로운 세계를 개척해 나가야 하는 것이다. 부모의 역할이 자녀의 인생에 너무도 많은 영향력을 끼치는 것은 사실이지만, 자녀의 역할에 따라 부모의 역할과 행동 역시 크게 달라질 수 있기 때문이다. 소라가 부모의 이혼으로 인한 상처를 딛고 칭찬으로 아버지를 변화시켜 가듯, 자녀가 먼저 다가가 부모의 마음을 여는 것도 현명한 해법 중 하나라 하겠다.

≫ 아빠가 엄마 노릇까지 하려니 힘드시죠?

수민이는 초등학교 4학년 때 엄마가 돌아가셨다. 아빠는 일 때문에 수민이를 고모에게 맡기고 주말 가족으로 살았다. 지금은 수민이가 아빠에게 와서 살고 있지만, 아직은 불평불만 많고 바라는 것만 많다고 한다.

학교 수행평가로 '부모님 칭찬하기' 숙제를 하게 되어 고민을 많이 했다. 우리 아빠에겐 도무지 칭찬할 일이 없었기 때문이다. 게다가 고모와 함께 사는 게 더 익숙한 나에게 아빠는 아직 썩 편치 않은 가족이다. 할 수 없이 선생님이 가르쳐 주시는 대로 따라하기는 했지만, 아빠보다 내가 먼저 달라지고 있음을 느낀다. 내가 아빠에게 소중하고 뿌듯한 존재라는 느낌을 받게 되면서 아빠도 나에게 소중한 존재임을 깨닫게 되었다.

* 칭찬 상황 : 목욕탕에 다녀오니 아무도 없어서 아빠께 전화를 했다.
* 칭찬한 말 : 아빠, 아빠가 없으니까 무서워요. 빨리 오세요.

* 부모님의 반응 : 아빠 저녁 빨리 먹고 갈게. 무서워도 조금만
　　　　　　　참아. (아빠는 전화 끊은 지 10분도 채 안 돼서 달려
　　　　　　　와서 나를 감동시켰다.)
* 나의 생각 : 나 때문에 저녁을 제대로 못 드신 것 같아 눈물이
　　　　　　났다.

* 칭찬 상황 : 아침에 늦잠을 자서 아빠는 내 밥만 급히 차려놓고
　　　　　　나가신다.
* 칭찬한 말 : 아빠는 안 드셨는데도 저를 챙겨 주셔서 감사해요.
* 부모님의 반응 : 얼른 먹고 학교 가. 아빠 먼저 간다.
* 나의 생각 : 아빠 자신보다 나를 더 챙겨 주시는 모습에 너무
　　　　　　죄송했다.

　　수민이는 이제 자신의 저녁보다 딸의 마음을 더 걱정하고 챙

겨 주는 아빠의 마음을 알게 되었다. 술 드시는 아빠를 책망하고

투정하기보다, 힘내시라고 격려하는 말 속에서 가족의 큰사랑이

느껴진다.

* 칭찬 상황 : 아빠와 우산을 함께 썼다.
* 칭찬한 말 : 아빠랑 같이 우산을 쓰니까 비가 하나도 안 맞아요.
* 부모님의 반응 : 그냥 묵묵히 걸어가셨다.
* 나의 생각 : 아빠 옷이 흠뻑 젖어 있었다. 아빠 죄송해요.

칭찬하기 전에는 내가 비에 안 맞은 것만 좋았는데, 칭찬을 하면서부터는 아빠 옷이 비에 젖는 것을 보게 되었고, 자신보다도 자식을 더 챙기고 아껴 주시는 부모님의 사랑을 가슴으로 느끼게 되었다. 수민이는 칭찬일기를 쓰면서 아빠와의 대화가 늘었고 가족의 소중함을 깨달았으며 아빠가 너무 좋은 분이란 걸 알게 되었다고 한다.

• 아빠, 철없는 딸자식 때문에 힘드셨죠? 엄마 없이 크는 내가 행여 비뚤어질까 봐 조마조마해하셨죠? …… 이제는 저를 믿고 힘내세요. 힘드시면 제게 기대시구요. 저도 아빠만 믿고 힘낼게요. 아빠 이제 행복하게 살아요.

• 엄마 없는 너에게 제대로 먹이지 못하고 혼자 있게 해 미안하다. 아빠가 너만 믿고 있다는 거 알고, 항상 무슨 일 할때마다 힘내라. 아빠한테 그동안 섭섭했던 거 있으면 풀고 아빠랑 오순도순 행복하게 살아보자. 엄마 없다고 기죽지 말고, 알았지?

수민이가 아빠와 주고받은 편지를 보면 이 가정에는 튼튼한 가족애가 이미 자리 잡고 있음을 느낄 수 있다. 험난한 세상을 살면서 칭찬하며 서로를 보듬고 살아가는 부녀의 모습이 눈부시게 아름답다.

>> 가끔은 버림받은 듯한 생각도 들었어요

경화는 부모님을 칭찬해 보라는 숙제에 너무 놀랐고 두려웠다고 한다. 경화는 엄마가 돌아가신 뒤 아빠와 함께 살 형편이 안 되어서 이모와 함께 살고 있다. 나름대로 밝게 살려고 노력하고 있는데, 이런 숙제가 나오면 아픈 곳을 콕콕 찌르며 생각하기조차 싫은 생활을 떠올려야 하기 때문이다.

먼저 죽은 엄마도 밉고 집에 들어오지 않는 아빠도 밉지만 싫어할 수조차 없고 증오할 수조차 없는 내 부모님⋯⋯. 물론 가끔 엄마 아빠를 원망하기도 한다. 특히 엄마가 안 돌아가셨으면 이렇게 되진 않았겠지. 그렇지만 내가 엄마를 잃었기 때문에 엄마의 소중함을 깨닫고 엄마를 더욱 사랑한다는 걸 매일매일 느낄 수 있는 거겠지.

꼭 열심히 공부해서 우리 아빠 행복하게 돈도 많이 벌어다 주고 직장 생활 하느라 고생하는 우리 언니에게도 꼭 보답하고 꼭 넓은 집 사서 아빠랑 살고 싶어 하는 내 동생 소원도 풀어 줘야지. 엄마는 안 계시지만 언젠가는 우리 가족 모두 오순도순 모여서 즐겁게 살 날이 올 거라고 믿는다. 나는 운도 복도 지지리 없고 잘난 것도 없지만, 희망만큼은 남들의 세 배이고 앞으로 더 나아질 테니 앞으로 우리 가족도 행복해지고 즐거워졌으면 좋겠다.

친구들과 선생님 앞에서는 밝은 모습을 보이려고 애쓰고 노력하고 있지만, 내면 깊은 곳에 자리 잡은 엄마와 관련된 아픔이 경화를 가슴 저미게 만들고 있음을 느낄 수 있다. 하지만 경화 역시 칭찬일기를 쓰면서 희망을 되찾고 있어 다행스럽다.

- 칭찬 상황 : 아침에 예쁜 편지지에 편지를 써서 이모께 드렸다.
- 칭찬한 말 : 이모를 꼭 안고 울었다.
- 부모님의 반응 : 이모도 날 안고 고맙다고 하며 함께 울었다.
- 나의 생각 : 편지로 내 마음이 조금은 전달된 것 같아 기뻤다. 앞으로 편지 자주 써야지.

- 칭찬 상황 : 떨어져 사는 아빠와 통화를 했다.
- 칭찬한 말 : 아빠가 살아 계신 것 자체가 제겐 큰 힘이 된답니다.
- 부모님의 반응 : 하하! 우리 딸 많이 컸구나.
- 나의 생각 : 아빠 실망시키지 않도록 잘 자라야겠다.

- 칭찬 상황 : 동생이 언니 도시락을 싸 준다고 한다.
- 칭찬한 말 : 우리 막내가 큰누나 도시락도 다 싸 주고 아주 든든하네.

- 부모님의 반응 : 내가 좀더 크면 작은 누나도 싸 줄게.
- 나의 생각 : 최근에 막내가 속이 깊어지고 착해지는 것 같아 기쁘고 든든하다.

경화는 부모님이 우리 삼남매를 버려두고 가 버렸단 생각이 들 때면 견딜 수 없이 부모님이 미웠고 친구들의 화목한 가정이 부러워 눈물이 났다고 고백했다. 그러나 이제는 먼저 돌아가신 엄마나 따로 살고 있는 아빠가 감사하다고 말할 기회를 주지 않아서 오히려 속상하다고 할 만큼 달라졌다. 부모님 대신 언니가 써 준 편지를 보면 이모와 함께 살면서도 칭찬으로 행복을 가꾸어 가는 이들 삼남매의 사랑이 마음을 흐뭇하게 한다.

언니는 네가 장차 큰사람이 될 거라 믿는다. 엄마가 늘 말씀하셨듯이, 넌 커서 명성을 떨치며 살 거야. 언니는 그렇게 믿는다. 우리는 힘들었던 만큼 행복해져야 하지 않겠니? 또 막내에게도 우리가 열심히 사는 모습을 보여줘야 하지 않겠니? 앞으로는 모든 게 다 잘될 거야. 우리 힘내자.

이 아이들의 사례는 어려울 때일수록 더욱 칭찬하며 살아야 하며, 작은 칭찬이라도 큰 빛을 발휘한다는 사실을 증명해 준다.

>> 아빠도 새엄마도 다 싫어!

승이는 아빠가 재혼하면서 새엄마를 맞이했다. 한창 사춘기다 보니 새로운 변화를 받아들이는 데 적잖은 어려움이 있었는데, 담임선생님에게 상담 의뢰를 받기로는, 집에 들어가기도 싫고, 학교에 오기도 싫고, 살고 싶지도 않고, 아무도 자기를 알아주지도 않아 사는 것이 너무 재미도 없다는 것이다.

나에겐 가족에 대한 좋은 기억이 거의 없다. 엄마와 아빠에게 나쁜 감정이 생긴 건 초등학교 때부터였다. 그중 기억나는 일 하나는, 5학년 때 빼빼로데이에 내가 받아온 빼빼로를 오빠가 친구들과 몰래 다 먹어 버렸다. 나도 기분을 내 보고 싶어서 아끼고 쳐다만 보던 것을 왜 말도 없이 먹었냐고 오빠한테 따지고 싸우다 엄마한테 맞았다. 아빠는 더 심했다. 엄마한테 이야기를 들었는지 다음날 학교에서 돌아오자마자 몽둥이로 때리고 계단에서 밀치더니 내 안경까지 던져 버렸다.

오빠와의 차별대우, 욕설과 폭력이 싫었고, 엄마 아빠가 싫었다.

증오했다는 표현이 더 정확할 것 같다. 얼마 전에는 엄마 아빠가 홈플러스에서 신발을 사 왔는데, 마음에 안 들었다. 그래서 다음날 직접 바꾸러 가겠다고 했더니 엄마 아빠는 30분 동안이나 온갖 욕을 퍼부었다. 내가 그렇게 많이 잘못한 걸까?

내가 엄마 아빠를 이해 못하는 것일까, 아님, 엄마 아빠가 날 이해 못하는 것일까, 나도 잘 모르겠다. 그나마 요즘에는 내 편이 되어 주는 선생님들과 나와 이야기가 통하는 친구들이 있어서 행복하다. 그래도 이런 것 쓰는 건 정말 힘들다. 자꾸만 눈물이 흐른다.

승이는 칭찬일기를 제대로 할 수가 없었다. 성의 없이 한 것도 있고, 거짓말로 한 것도 있다고 솔직하게 고백했다. 그러나 칭찬 활동 하는 것을 유심히 지켜보며 관심을 기울였더니 조금씩 마음을 열고 가족들에게 다가가려는 태도를 취하고 있었다. 칭찬을 시도한 것만으로도 효과가 나타나고 있었던 것이다.

* 칭찬 상황 : 저녁때 집에서 고기를 먹는데, 아버지가 술을 안 드셨다.
* 칭찬한 말 : 술을 안 드시는 아버지가 좋아요!
* 부모님의 반응 : 술이 없어서 안 먹는 거야!
* 나의 생각 : 다음에는 술이 있는지 없는지 알고 말해야겠다.

- 칭찬 상황 : 친구들이랑 놀다가 늦게 들어왔는데, 아빠가 안 주무시고 날 기다리고 계셨다.
- 칭찬한 말 : 늦게 와서 죄송합니다. 걱정해 주셔서 감사해요!
- 부모님의 반응 : 어서 들어가서 자라! 일찍일찍 다니고!
- 나의 생각 : 앞으론 일찍 들어와야지. 기다려 준 아빠가 너무 고마웠다.

- 칭찬 상황 : 손에 화상을 입었는데 엄마가 직접 키운 알로에를 붙여 주셨다.
- 칭찬한 말 : 엄마! 걱정해 주셔서 너무너무 감사합니다.
- 부모님의 반응 : 이제는 다치지 마!
- 나의 생각 : 이제는 조금씩 엄마가 좋아진다.

30번의 칭찬일기를 마친 뒤 승이가 쓴 감상문에는 "몇 주 전만 해도 집이 싫었는데 이제는 아주 조금이지만 좋아졌다"고 고백하고 있다. 또 승이가 받아온 아빠의 편지에는 "너에게 주는 것보다 주지 못하는 것이 더 많아 미안하다. 식구들이 모두 노력해 보자꾸나" 하는 메시지가 담겨 있었다.

칭찬하기 위해서는 먼저 말을 걸어야 하고, 화가 나도 참아야 한다. 그러면서 부모님을 한 번 더 생각하게 되었다. 서로 말이 없고 오해만 가득하던 가정에 대화가 조금씩 생겨나게 되었다. 칭찬은 대화의 방아쇠가 되었다.

>> 엄마를 믿고 사랑한 만큼 아파요

상미는 엄마의 재혼으로 엄마와 새아빠, 그리고 12살 터울의 동생과 함께 살고 있다. 고집스럽고 말 안 듣는 동생과 새아빠에 대한 어색함, 엄마에 대한 실망과 사랑 사이를 오가며 갈등하고 있었다. 그나마 교회에서 마음의 위안을 얻으며 스스로를 다독이고 있다.

우리 집엔 성(姓)이 세 개다. 엄마의 재혼으로 내겐 성이 다른 새아빠가 생겼고, 그 사이에서 남동생이 태어났다. 그래서 아빠랑 남동생은 강씨, 엄마는 김씨, 나는 박씨다. 난 엄마를 믿었고 아픔을 충분히 가늠할 수 있었기에 이혼과 재혼에 대해서도 한 번도 반대한 적이 없었다. 그렇지만 막상 일이 그렇게 되고 나니 마음이 힘든 건 어쩔 수 없었다. 억지로 엮어 놓은 듯한 울타리 안에서 서로를 알아 가고 적응하는 동안 빚어지는 갈등과 고통의 무게는 내겐 너무 버거운 것이었다.

엄마를 많이 사랑하고 의지하고 믿었던 만큼, 작은 생채기만 생겨도 고통스러웠다. 그래서 많이 조심하고 더 사랑하려 애써 보지만 자꾸만 엇나가고 틀어져 버려 마음이 상하곤 했다. 다행히 내겐 교회가 있었기에 마음의 평안과 휴식을 얻을 수 있었다.

이제는 시간도 흐르고 관계도 많이 안정되어 큰 문제들은 거의 해결된 것 같다. 하지만 나는 여전히 크고 작은 갈등 속에 살고 있다. 우리가 살아가면서 맞이하는 갈등과 고통이 반드시 나쁜 것만은 아니어서, 이 과정들을 지혜롭게 극복해 내고 나면 그만큼 내가 성숙해져 있으리라고 기대한다.

상미는 신앙생활을 통해 가정의 어려운 환경을 헤쳐 나가고 있었다. 감사와 사랑이 가득한 가정을 꿈꾸고, 아름다운 가정을 만들려고 스스로 많은 노력을 하고 있었지만, 표현이 서툴러서 고민하고 있었다. 가족들 앞에서 거짓된 포장을 벗고 진실한 모습으로 행동하고 가족들을 사랑하려고 애쓰고 있을 때 칭찬일기 활동이 시작되었다.

- 칭찬 상황 : 삼촌 생일이라 외식을 했다. 나가기 싫어 버티다 결국 설득당해서 함께 갔다.
- 칭찬한 말 : 다 같이 나오니까 좋다.
- 부모님의 반응 : 그러게, 평소에 좀 같이 다니자니까. 만날 귀찮다고만 하지 말고.

• 나의 생각 : 개인의 시간을 갖는 것도 중요하지만 때론 그보다
        더 소중한 걸 얻기 위해서는 작은 양보가 필요하다
        는 것을 깨달았다.

• 칭찬 상황 : 시험 때문에 아침 일찍 등교 준비를 하는데 "밥은
        먹고 가야지" 하며 아침을 차려 주셨다.
• 칭찬한 말 : 피곤하실 텐데 이렇게 챙겨 주셔서 고마워요.
• 부모님의 반응 : 많이 먹고 가서 열심히 봐. 못 봐도 너무 실망
        하지 말고……
• 나의 생각 : 역시 엄마는 끝까지 날 믿어 줄 유일한 분이시다.
        엄마께 조금이나마 힘이 되어 드리고 싶다.

• 칭찬 상황 : 엄마 생신이라 케이크와 장미를 사다 드렸다.
• 칭찬한 말 : '당신은 사랑받기 위해 태어난 사람'을 불러 드렸다.
• 부모님의 반응 : 웃으시며, 고맙다고, 꽃 처음 받아 본다고 하
        신다.
• 나의 생각 : 가슴 뭉클했다. 거의 40년 가까이 사시면서 꽃 한
        번 못 받아 보셨다니…

• 칭찬 상황 : 잠자리에 들면서 엄마 볼에 뽀뽀했다.
• 칭찬한 말 : 엄마 안녕히 주무세요.
• 부모님의 반응 : 그래, 너도 잘 자고 내일 일찍 일어나.
• 나의 생각 : 오랜만에 스킨십을 시도해 보니 감당하기 힘든 어
        색함이 밀려온다. 그래도 엄마 볼은 참 보드랍고
        따뜻했다.

　상미의 칭찬일기 곳곳에는 칭찬일기를 계기로 달라져 가는 자신의 모습과 각오가 적혀 있다. 또 이 일기를 마치는 날에는 눈에 띌 만큼 큰 변화가 생기기를 기원하고 있었다. 실제로도 상미는 따스하고 적극적인 칭찬 행동을 실천해 왔고, 칭찬의 위력을 몸소 체험했다고 밝히고 있다.

　칭찬을 시작한 뒤로 달라진 집안 분위기에 너무 행복하다. 그 전보다 서로를 많이 생각하고 관심을 가지게 된 것 같다. 나부터도 평소에는 짜증을 냈을 법한 말에도 한 번 더 생각하고 더 깊기 이해하려고 노력하고 있다. 칭찬을 하기 위해서 부모님의 행동이나 말, 표정 등을 더욱 주의 깊고 관심 있게 살펴보게 되어 부모님들에 대해 더 자세히 알고 이해할 수 있게 된 것 같다. …… 과제를 마치고 부모님께 칭찬일기를 보여드리니 흐뭇해하시는 기색이 역력했다. 칭찬이란 게 이렇게 사람과 사람 사이를 기분 좋게 묶어 줄 수 있는 것이란 사실을 미처 몰랐던 게 아쉽다.

　상미 엄마가 보내온 편지는 "아직 어린 줄만 알았던 네가 벌써 이렇게 커서 남을 칭찬할 줄도 알고 배려할 줄도 알게 되다니 참 기쁘다. 어린 동생 때문에 시간도 뺏기고, 늘 피곤해 하는 엄마

를 도와주느라 공부할 시간도 부족하지만
항상 노력하는 너를 보면 정말 미안하고도
고맙다"라는 메시지와 함께, 엄마도 상미
에게 부끄럽지 않고 자랑스러운 엄마가 되도
록 노력하겠다는 뜻을 전하고 있다. 엄마 역시 상미의 칭찬에 영
향을 받고 있음을 느낄 수 있다.

아이가 좋아하는 부모 모습 10

1. 주위의 시선보다는 나를 먼저 생각하는 부모

2. 나의 인격을 존중하고 자존심을 지켜 주는 부모

3. 내가 실수했을 때 화내지 않고 대화를 시도하는 부모

4. 가치관과 행동 철학을 몸소 보여주며 가르치는 부모

5. 남 위에 올라서는 것보다 함께 사는 것이 더 소중함을 가르치
   는 부모

6. 가족이 함께하는 시간을 만드는 부모

7. 나와 한 약속은 꼭 지키고, 못 지킬 때는 사과하는 부모

8. 나의 작은 성취나 좋은 변화를 즉시 칭찬해 주는 부모

9. 나의 생각과 고민을 나의 눈높이에서 바라보면서 이해하려고
   노력하는 부모

10. 스킨십 등 화목하게 사는 모습을 보여주는 부모

아이가 싫어하는 부모 모습 10

1. 기분에 따라 칭찬과 꾸중이 일관성 없이 변하는 부모

2. 지나간 일까지 끄집어내 길게 야단치는 부모

3. 다른 사람과 비교하면서 꾸중하는 부모

4. 자존심을 건드리고 무시하면서 꾸중하는 부모

5. 기대를 너무 크게 해서 부담을 주는 부모

6. 내 생각은 듣지도 않고 부모의 생각대로만 지시하는 부모

7. 내 앞에서 화목하게 사는 모습을 보여주지 못하는 부모

9. 차분하게 설명하지 않고 감정적으로 꾸짖는 부모

10. 도움을 받고도 고맙다는 표현을 잘 하지 않는 부모

칭찬수업 속에서
길을 발견한 아이들

칭찬수업의 궁극적인 목적은 가정의 치유에 있다.
아이들은 전에 없이 부모 가까이 다가가
지금까지와는 전혀 다른 시각으로 부모의 삶을 조명하게 된다.
이 과정에서 부모의 인간적인 면모를 이해하고 되고,
가정에 투여되는 부모의 노고와 희생을 보게 된다.
아이들은 자신이야말로
가정의 행복을 완성하는 주인공임을 깨닫고
자신의 역할을 스스로 찾게 된다.

가정이 회복되는 진화의 고리

칭찬 수업을 통해 아이들이 변화되어 가는 과정을 살펴보면 칭찬이 스스로 진화, 발전하고 있음을 느낄 수 있다. 대부분의 아이들이 처음에는 과제 때문에 어쩔 수 없이 칭찬 활동을 시작하게 된다. 그러나 과제를 수행하자면 부모의 감정이나 기분, 일상의 변화들을 관찰하고 표현해야 한다. 이 과정에서 아이들은 부모의 마음과 행동을 이해하게 되고, 스스로 존재감과 자신감을 갖게 된다.

능동적이고 발전적인 회전력

이때 자연스럽게 가족 관계에 변화가 일어나게 되는데, 가장 민감하게 받아들이는 것은 바로 아이들 자신이다. 아이들은 이런 작은 변화를 자랑스럽게 받아들이며 부모와 대화하면서 느낀 작은 배려와 사랑에 감동하고 감사한다. 그러면서 스스로 가족의 일원임을 받아들이고 가정의 크고 작은 일에 동참하게 된다. 가정에 대한 소속감을 느끼게 되는 것이다. 일련의 과정을 통해 가족간의 친밀한 관계가 회복되고 건강하고 행복한 가정이 만들어진다. 이렇게 칭찬의 위력과 효과를 체감한 아이들은 보다 능동적으로 칭찬에 참여하게 되고, 칭찬의 주도권 사이클은 보다 발전적으로 회전하게 된다. 아이의 과제에서 시작된 수동적 참여가 온 가족의 변화를 유도하게 되고 결국 가정의 변화를 이끌어 내는 것이다.

✳ 칭찬의 주도권 이동 모형도 ✳

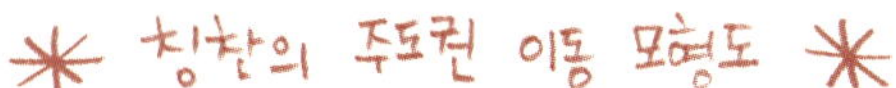

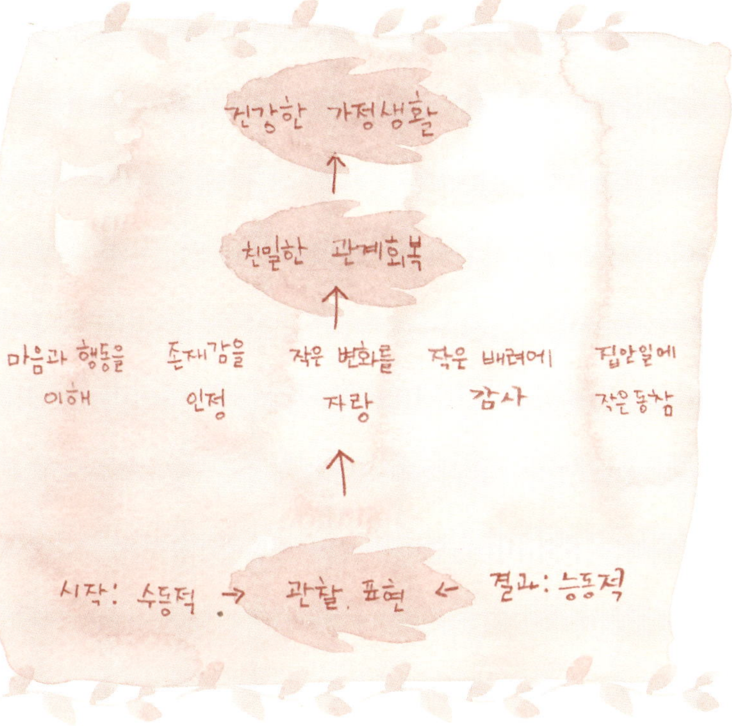

실제로 많은 아이들이 칭찬일기를 통해 가정을 변화시키고 있다. 시기적절한 칭찬 한마디에는 무너져가는 가정을 세우고도 남을 만한 위력이 내재되어 있기 때문이다. 가정의 절대 권력자요 열리지 않는 자물쇠와 같았던 부모님들도, 자식이라고 하는 작은 열쇠에는 단박에 열리고 만다. 아이들의 칭찬을 통해 부모

가 회복되더니 다시 부모를 통해서 아이들이 회복되고 가정이 회복되는 진화의 고리를 형성하는 것이다.

서로를 이해하기 위한 도구로서의 칭찬

여태껏 우리 아이들은 부모님들의 생각을 이해하지 못하고, 부모님들은 자녀들의 생각을 읽지 못하고 있었다. 서로의 눈높이가 맞지 않아 그동안 서로를 바르게 볼 수 없었던 것이다. 서로를 관찰하기 위해서는 서로의 눈높이를 맞추어야 했다. 이 관찰에 가장 효과적이었던 도구가 바로 칭찬이다. 지금까지는 부모나 아이 모두 상대방이 먼저 나를 이해해 주기를 바랐지만, 칭찬을 하려다 보니 내가 먼저 상대방을 바라보게 되고 상대방을 이해하려고 노력하게 된 것이다.

아이들은 부모님을 칭찬하면서 부모님의 눈물을 보고, 부모님의 한숨을 보고, 부모님의 아픔을 보고, 인생의 고단함을 보게 된다. 부모님의 기쁨과 행복을 바라보고, 아름다운 부모상을 그려 보면서 또한 성숙해져 가는 자신의 모습을 바라보게 된다. 부모님을 칭찬하고 나서는 가정이 회복되어 가는 과정을 자기 눈으로 보고 마음으로 체험하게 되며, 행복한 가정을 꿈꾸며 현관을 들어서게 된다. 부모님이 이해되고 나니 부모님에 대한 미움이 없어지고, 부모님이 용서되고 사랑하게 되는 것이다.

　또한 여태껏 우리 가정의 불행이 자신의 성적이나 돈 때문인 줄 알았는데, 한마디의 칭찬이나 대화 속에서 가정이 하나 되는 것을 보고, 가정의 행복이 꼭 성적이나 돈에 있지 않음을 배우게 된다. 자신의 말 한마디 때문에 가족들의 행동이 변하는 것을 보고 가정의 중심축에 자신이 서 있음을 자각하는 것 또한 중요한 성과 중 하나라고 하겠다. 일련 과정을 통해 아이들은 보다 넓고 깊은 가치관을 형성하게 되며, 부모는 부모의 위치에서, 아이들은 또 자신의 위치에서 올바른 정체성을 세워 나가게 되는 것이다.

작은 칭찬이 맺어 준 큰 열매

아이들은 말 이외에도 다양한 방법으로 부모를 칭찬하고 있다. 끌어안거나 볼에 뽀뽀를 하는 것처럼 신체적 접촉도 일어나고 자발적으로 부모님의 일손을 거들어 드리는 봉사 활동도 하고 있다. 용돈을 아껴 선물을 사 드리는 것 또한 부모님에 대한 감사와 칭찬의 표현으로 활용되고 있다. 이런 다양한 칭찬 행동들은 부모의 정체성 확인에 많은 영향을 주게 된다. 사소하고 일상적인 행동이었지만 아이가 이를 칭찬해 오면 부모는 자기 만족감을 갖게 되고, 폭넓은 여유와 자랑스러운 마음으로 아이를 대하게 되는 것이다.

• 칭찬 상황 : 아빠가 옷을 사 주셨다.

• 칭찬한말 : "아빠, 고마워용~"하면서 볼에 뽀뽀해 드렸다.

• 부모님의 반응 : 옷이나 잘 입으세요, 아가씨!

• 나의 생각 : 아빠한테 뽀뽀한 적이 거의 없는 것 같다. 아빠가
        기분이 좋은 것 같아서 나도 기분이 좋았다.

• 칭찬 상황 : 일요일인데도 일을 나갔다 오신 아빠한테 김치 부
        침개를 해 드렸다.

• 칭찬한말 : 아빠, 출출하지? 이거 드시고 좀 쉬세요.

• 부모님의 반응 : "우와~ 너무 맛있다"하면서 맛있게 드셨다.

• 나의 생각 : 아빠한테 음식을 해 드린 건 처음인 것 같다. 그러
        고 보니 칭찬도 그렇고…….

• 칭찬 상황 : 엄마랑 다툰 뒤 어버이날 카네이션을 드려야 되는
        상황.

• 칭찬한말 : 카네이션에 "엄마, 엄마는 화장한 모습이 예뻐요"
        라고 써서 화장대에 올려놓았다.

• 부모님의 반응 : 화해는 물론이고, 엄마가 "카네이션보다 글이
        더 좋은 걸"하고 말했다.

• 나의 생각 : 이런 상황에서 특히 칭찬이 필요한 것이라고 느꼈다.

부모님을 끊임없이 관찰했다

부모님이 늦게 퇴근하고 아이들이 학원에 갔다 늦게 돌아오면

가정에서 부모와 아이들이 마주앉아 대화할 시간은 거의 없다.

그 짧은 시간에 칭찬을 하려다 보니 아이들은 잠깐 스치는 부모님의 얼굴 표정, 툭 내뱉는 말 한마디, 사소한 대화들, 일상적인 의식주 활동 등 부모와 관련된 것이라면 무엇이든 자세히 바라보고 생각하게 된다. 이렇게 부모의 모든 것을 칭찬으로 연결시키려고 노력하다 보니 부모님의 생각과 행동이 이해가 되더라는 것이다. 또 칭찬받은 부모님의 반응을 보며 성취감과 자부심을 느끼고 스스로 흐뭇해했다. 관심과 관찰이야말로 칭찬의 몸을 관통하는 핏줄임을 알 수 있다.

- 칭찬 상황: 아빠가 몰래 숨어서 담배를 피우셨다.
- 칭찬한 말: 간접흡연이 안 좋은 거 알고 이렇게 숨어서 피우시는 거 감사해요.
- 부모님의 반응: 담배 끊을게.
- 나의 생각: 여러모로 아빠가 담배 좀 그만 피우셨음 한다.

- 칭찬 상황: 아빠가 힘이 없는 말투로 전화를 하셨다.
- 칭찬한 말: 아빠, 왜 이리 힘이 없으세요. 많이 힘드세요? 아빠 힘내세요!
- 부모님의 반응: 요즘 너무 무리해서 그런가 봐. 아빠 힘낼 테니깐 너도 몸조심해.
- 나의 생각: 아빠 힘든 목소리 들으니깐 가슴이 아팠다. 옆에 계셨다면 어깨라도 주물러 드리는 건데……

부모님의 마음이나 존재감을 칭찬했다

부모님이 옆에 계셔서 감사하다는 말은 부모에게 드리는 최고의 칭찬이다. 마음을 헤아려 주는 아이의 말 한마디가 부모에게 부모로서의 보람을 찾게 해준다. 이런 칭찬을 들은 부모님들은 처음엔 물질을 통해서 고마움을 표현한다. 그러다가 점점 아이의 마음을 헤아리게 되고, 아이와 많은 시간을 보내려고 노력하게 된다.

- 칭찬 상황 : 오늘 내가 치과 가는 날이라고 건강보험카드를 챙겨 주셨다.
- 칭찬한 말 : 챙겨 주셔서 감사해요. 우리 아빠처럼 잘 챙겨 주는 아빠는 없을 거예요.
- 부모님의 반응 : "아이구, 우리 이쁜 딸!" 하며 환한 얼굴로 내 머리를 쓰다듬어 주셨다.
- 나의 생각 : 기분이 좋다. 칭찬을 하고 난 뒤로 집이 더 밝아진 것 같다.

- 칭찬 상황 : 아빠가 새벽에 피곤한 기색을 보이며 들어오셨다.
- 칭찬한 말 : 아빠, 피곤하시죠? 밤 늦게까지 일하시는 아빠가 있어 든든해요.
- 부모님의 반응 : 나도 이런 딸이 있어서 든든하단다.
- 나의 생각 : 요즘 아빠와 사이가 안 좋아 우울했는데, 기분이 한결 나아졌다.

부모 스스로 부족한 점을 인식했다

아이들과 대화가 많아지면서 부모들은 아이들에 대한 기대 수준이 너무 높아 필요 이상으로 닦달했던 것을 인정하게 된다. 아이의 행동이 부족하고 마음에 안 들더라도 조금 더 참고 인내하면 좋아질 것이라고 믿으며 기다려 주는 것을 보게 되었다. 그래서 아이들이 조금이라도 향상된 모습을 보이면 부모는 진심으로 기뻐하며 격려를 아끼지 않았다. 점점 꾸중보다 칭찬이 많아지고, "백 번의 꾸중보다 한 번의 칭찬이 훨씬 낫다"는 말을 실천하게 되었다.

- 칭찬 상황 : 엄마랑 둘이 거실에 앉아 있다.
- 칭찬한 말 : 엄마는 공부하라고 닦달하지 않아서 너무 좋아.
- 부모님의 반응 : "공부하기 싫다는데 들볶으면 뭐하니?" 하며 웃는다.
- 나의 생각 : 칭찬을 할 때마다 웃는 엄마의 얼굴이 참 보기 좋다.

- 칭찬 상황 : 내가 허리를 구부리고 앉아 있으니까 엄마가 제대로 앉으라고 하셨다.
- 칭찬한 말 : 저의 나쁜 점을 고쳐 주려고 애쓰시는 엄마가 자랑스러워요.
- 부모님의 반응 : "부모로서 당연히 해야 할 일인데, 뭐" 하면서 목소리가 부드러워지셨다.

* 나의 생각 : 꾸중 분위기가 이순간에 조언 분위기로 바뀌었다.
  나의 칭찬 한마디가 이렇게 분위기를 바꿔 놓을 수
  있다는 것이 놀랍다.

상대방의 입장에서 생각하는 습관이 생겼다

아이들은 "내가 이렇게 말하면 부모님의 반응은 어떨까? 부모님의 기분은 어떨까? 이렇게 표현하면 더 좋아하시지 않을까?" 하면서 부모님의 생각을 읽고 동질감을 느끼기 위해 노력하는 과정에서 가족이라는 하나의 공동체를 배워 나간다. 부모의 관심이 무엇인지, 무엇을 더 소중히 여기며 살아가고 있는지, 말이나 행동에 어떤 습관이 있는지, 부모님의 장단점이 무엇인지를 관찰하며 알게 되는 것도 재미있어 한다. 또 부모님을 칭찬하고 부모님의 칭찬을 받으려고 관심을 높이다 보니, 부모님의 관심을 채우기 위해 긍정적인 노력을 기울이게 된다. 일련의 칭찬 과정을 통해 아이의 마음과 행동은 성장하고 성숙해 가는 것이다.

* 칭찬 상황 : 외할아버지가 아파 누워 계시는데, 엄마가 병문안을 못 가셨다.
* 칭찬한 말 : 우리들 때문에 할아버지께 못 가셨죠? 죄송해요.
* 부모님의 반응 : 눈물을 흘리셨다.
* 나의 생각 : 나도 커서 이런 상황에 부딪치면 어떻게 할까?

145

- 칭찬 상황 : 가족들이 함께 식사를 하던 중에 아빠가 엄마가 별로 안 예쁘다고 말했다.
- 칭찬한 말 : 아빠! 엄마가 저 나이에 피부가 저렇게 고우면 됐지, 뭘 더 바래요? 여자는 그렇게 말하는 거 싫어해요. 빈말이 아니라, 저 정도면 엄마도 제법 미인 아니에요?
- 부모님의 반응 : 엄마는 당연히 그렇다는 표정, 아빠는 "너 엄마한테 뇌물 받았냐?"
- 나의 생각 : 으하하하, 이거 되게 재미있다!

부모님을 공경하는 마음이 생겼다

아이들은 어떤 일로 부모님을 칭찬하고 어떤 표현을 쓸까 고민한다. 일상이 단조롭다 보니 칭찬 표현을 찾는 것도 쉽지 않은 일이다. 이 때문에 고민하던 아이들은 칭찬에 반말이 어울리지 않는 것을 깨닫게 되었다. 특히 엄마와의 사이에서 아이들이 애매한 어투의 반말을 쓰는 경우가 많기 때문이다. 아이들은 칭찬을 하면서 자연스럽게 존댓말을 익히고 있다. 또 존댓말이 습관화되면서 말과 행동도 그에 걸맞게 공손해지고 있음을 느낀다. 이렇게 말과 태도가 공손해지면 자연스레 공경하는 마음이 싹트게 된다. 존댓말이 편해지고, 자기가 쓰는 말 때문에 자기도 모르게 변해 가고 있었다.

* 칭찬 상황 : 정말로 칭찬할 게 없어서 선생님께서 주신 예시에서 하나 골랐다.
* 칭찬한 말 : 아빠, 아빠가 계시는 것 자체만으로 좋아요.
* 부모님의 반응 : 너, 왜 갑자기 존댓말이냐?
* 나의 생각 : 또 하나의 반성할 일. 존댓말을 쓰자!

* 칭찬 상황 : 새우 소금구이 해먹고 있었다.
* 칭찬한 말 : 아빠가 술 담배 끊으신 거 자랑하니까 애들이 부러워해요. 얼마나 자랑스러운데요.
* 부모님의 반응 : 그래서 애들이 부럽대? (아빠도 스스로가 자랑스러우신 듯하다.)
* 나의 생각 : 요즘은 정말 존댓말 쓰고 싶지 않기도 하지만 조금 참고 써야겠다. 아빠는 내심 내가 존댓말 쓰는 게 싫지 않으신가 보다. 새우도 사오시고…….

싸움 뒤 화해의 중재자가 되기도 했다

부모가 싸울 때면 혼자 방에 들어가 울기만 하던 아이들이 이제는 싸움의 현장을 칭찬의 현장으로 받아들이고 있다. 부모님과의 관계를 긍정적으로 바라보고, 현장에 지혜롭게 개입하여 화해의 중재자로 나선 것이다. 부모의 아픔을 위로하고 화해를 독려하면서 아이들은 부모가 싸우는 와중에도 당당히 나서 중재로서의 역할을 해내고 있다. 결과적으로 자기가 가정을 화평케

하는 데 기여했다는 것 때문에 가족의 한 사람으로서의 자부심을 느끼는 것을 보았다.

- 칭찬 상황 : 엄마랑 아빠랑 싸웠다. 아빠가 안 계실 때 엄마와 이야기함.
- 칭찬한 말 : 엄마 기분 푸세요. 아빠가 잘못했어요.
- 부모님의 반응 : 그치? 니 아빠는…… (주절주절 한참이나 계속됐다.)
- 나의 생각 : 엄마가 화가 많이 나셨나 보다.

- 칭찬 상황 : 엄마하고 아빠가 싸우셨다.
- 칭찬한 말 : 엄마, 울지 마. 나도 슬퍼.
- 부모님의 반응 : "휴. 그래, 널 봐서라도 안 울게."라고 말하셨지만 눈물이 글썽거리셨다.
- 나의 생각 : 슬프다. 마음이 많이 아프다. 빨리 화해하셨으면 좋겠다.

자신이 가정 행복의 완성자임을 깨달았다

오늘 하루를 좋은 날로 만들려고 부모님을 칭찬하는 아이들은 행복한 가정의 주인공이었고, 부모님이 힘들 때 마음을 알아주고 손을 잡아 드리며 힘이 되어 드리는 아이들은 행복한 가정의 완성자였고, 작은 집에 살아도 부모님이 계셔서 좋다고 말할 수 있는 아이들은 행복한 아이였다. 이제 아이들은 내 삶의 주인공은 바로 나라는 것을 깨닫고, 가족들의 행복을 위해 자신이 할 일을 찾아 나서고 있다.

- 칭찬 상황 : 가족들이 다함께 비디오를 보고 있었다.
- 칭찬한 말 : 아빠! 오늘 도덕 시간에 배웠는데, 집안이 화목하면 가난해도 좋대요. 우리 집도 그랬으면 좋겠어요.
- 부모님의 반응 : 그래. 어려움이 있더라도 우리 가족 모두 도우며 살자.
- 나의 생각 : 오늘 한 칭찬은 왠지 뿌듯하고 만족스럽다.

- 칭찬 상황 : 드라이브를 할 때 아빠가 교통법규를 잘 지키는 모습을 보고.
- 칭찬한 말 : 법 없이도 살 수 있는 아빠가 너무너무 좋아요.
- 부모님의 반응 : "아니야! 아빠도 어긴 적 많아" 하시며 쑥스러워 하셨다.
- 나의 생각 : 아빠가 칭찬을 받고 쑥스러워 하는 모습을 보니 기분이 이상하다.

칭찬은 이렇게 다양한 역할을 한다. 가족간의 관계를 바로잡아 주고 한 가정의 행복의 역사를 새로 쓰게 한다.

스스로 변화를 인정하는 아이들

칭찬을 하면서 가장 먼저 달라지는 것은 칭찬을 하는 사람이다. 아이들 역시 부모님을 칭찬하면서 자기 자신이 먼저 변화되고 있음을 고백한다. 자신의 칭찬에 반응하는 부모님의 모습, 칭찬 뒤에 이어지는 부모님의 말이나 행동, 또는 부모님을 칭찬하는 자신의 태도 등을 되돌아보며 아이들은 시나브로 변해 가고 있다. 특히 감수성이 예민하고 성장이 활발한 청소년기의 아이들은 스스로의 변화를 매우 민감하게 감지한다. 또 이런 변화에 대해 스스로 평가하고 적응해 가기도 한다.

더 이상 버릇없는 아이가 아니다

짜증내거나 화를 내며 누군가를 칭찬할 수는 없는 노릇이다. 얼굴에 억지미소라도 살짝 띄워 줘야 칭찬이 나오지, 무례하게 굴면서 얼굴을 찡그리면서 칭찬할 수는 없다. 그래서 칭찬은 칭찬하는 사람을 변화시키는 마법이다. 우리 아이들 역시 이제 더 이상 부모님께 버릇없이 굴 수 없게 된 자신을 보게 된다.

• 엄마를 볼 때마다 노려보고 모든 대화가 "어" 아니면 "됐어"로 끝나곤 했었다. 하지만 엄마의 좋은 점을 찾으려고 노력하다 보니까 우리 엄마도 좋은 사람이란 걸 알게 되었다. 지금은 엄마한테 함부로 대하지 않는다.

• 엄마 아빠한테 대들던 어설픈 반항이 없어졌다. 저녁에 밥을 먹을 때도 꼭 "아빠엄마, 저녁 드셨어요?"라고 여쭈어 본다. 엄마 아빠가 들어오신다고 전화를 하면 국을 따뜻하게 데워 놓고 밥상을 차리기도 한다. 무엇을 하든지 엄마아빠를 먼저 생각하게 되었다.

• 칭찬을 하면서 내 말투가 확실히 변한 듯하다. 원래 내 말투가 짜증을 내는 듯한 말투였는데, 지금은 기분 좋은 농담도 종종 하고 장난 식으로라도 칭찬을 자주 한다. 칭찬을 하면 엄마 아빠뿐만 아니라 나도 기분이 좋아지기 때문이다. 칭찬하는 기간이 길어지면서 실제로 내가 변해 가는 것을 느낀다.

요즘은 집에 들어가는 게 즐겁다

청소년기의 아이들에게 집은 따분하고 지루한 곳이다. 게다가 엄마의 끝없는 잔소리라도 이어질라치면 자꾸만 밖으로, 가급적 멀리 돌게 된다. 하지만 칭찬을 통해 가족간의 사랑을 확인하게 되고 집안 분위기가 달라지면 집은 더 이상 싫은 곳이 아니다. 따뜻한 대화를 통해 서로를 이해하고 위로를 받는 마음의 안식처가 되는 것이다.

• 내 칭찬 몇 번으로 가정의 분위기가 완전히 달라졌다. 칭찬이 거듭될수록 가족들이 변해 가는 것을 보고 내 자신이 대단한 사람이라고 느껴질 정도다.

• 집안의 분위기가 한결 밝아졌다. 예전엔 그저 서먹서먹하기만 하고 할 이야기도 없어서 좀처럼 대화 시간이 없었다. 어느 순간부터 서로를 편하게 생각하고 생활하게 되어 대화가 정말 많아졌다. 칭찬일기 때문에 우리 집이 완전히 바뀐 것 같다.

• 예전에는 집에 들어오는 것도 싫었는데, 요즘은 집에 들어오는 게 좋아졌다. 이제는 집에 들어설 때마다 엄마가 웃으며 반겨 주기 때문이다. 칭찬을 하고 나서 엄마와 더욱 친해지고 서로 이해하게 되어 기분이 좋다.

짜증과 싸움이 확실히 줄어들었다

칭찬수업과 칭찬일기의 궁극적인 목적은 가정의 회복에 있다. 가족 구성원 하나하나가 서로에 대한 사랑을 회복하고 믿음과 기대를 충전하는 것이다. 칭찬하기 어려운 가정일수록 더욱 힘써서 칭찬해야 하는 이유가 바로 여기에 있다. 칭찬의 위력은 놀라울 만큼 거대한 것이어서 칭찬의 말 몇 번만으로도 집안 분위기가 매끄러워진다.

• 예전엔 부모님께 무엇을 사 달라고 해서 안 된다고 하시면, 엄마 아빠는 날 사랑한다고 하면서 왜 그런 것 하나 안 사주시나 짜증이 났다. 하지만 지금은 엄마 아빠께 이것저것 사 달라고 떼쓰지도 않고 부모님 말씀도 잘 듣는 것 같다.

• 예전에는 매사에 불평이 많았다. 칭찬이라는 것 자체가 어색하고 서툴렀다. 하지만 부모님을 이해하게 되면서 모든 상황에서 불평을 칭찬으로 교체하려 노력하고 있다. 그러다 보니 왠지 부모님이 더 좋아지고 싸움도 적게 생기는 것 같다.

• 평소에는 부모님이 나에게 너무 짜증만 내고 이해도 안 해주신다고 생각했는데, 내가 먼저 칭찬하고 다정하게 대하니까 나를 대하는 태도도 달라지셨다. '가는 말이 고와야 오는 말이 곱다'는 속담이 정말 맞는 것 같다.

부모님에 대한 선입견을 버렸다

아이들은 나름대로 부모를 평가하고 있다. 그런데 전에는 충분히 이해하려고도 하지 않고 마음대로 판단해 버리거나 아무렇지 않게 부정적인 결론을 내리곤 했다. 그러나 칭찬을 하기 위해 부모의 생활과 삶을 들여다보니 부모를 보는 새로운 시각을 갖게 된다. 여태껏 갖고 있던 잘못된 생각과 선입견이 깨지게 되는 것이다.

• 부모님은 언제나 명령하고 훈계하는 사람이라고 생각했다. 그러다 보니 부모님 말씀이라면 귀를 막고 안 들으려 했었다. 그런데 칭찬을 한 뒤로는 부모님도 명령조로 말씀하시지 않는 것 같고 매사에 더욱더 신뢰하게 된다.

• 예전에는 엄마 아빠가 나에게 잘못한 것, 나를 서운하게 하는 것들만 보였다. 하지만 요즘은 나를 위해 주는 모습, 나를 위해 애 쓰시는 모습들이 자주 보인다. 내가 그동안 부모님 마음을 너무 몰라 드린 것 같아 죄송하다.

• 칭찬을 하려고 하다 보니 전에는 안 보이던 부모님의 좋은 면이 자꾸만 눈에 들어온다. 그동안 갖고 있던 부모님에 대한 나의 선입견이 사라지고, 엄마 아빠를 새롭게 보게 된 것 같다.

가정 내에서 자신감이 생겼다

아이들은 칭찬을 통해 자신감을 배우게 된다. 자신의 칭찬을 받아들여 주는 부모와 가족들 속에서 자신의 가치를 인정받게 되고, 자신의 말 한마디로 변화하는 가정을 바라보면 자신의 존재 가치를 깨닫게 된다. 처음 한두 번의 어색함만 벗어나면 칭찬은 가족은 물론, 아이들 자신을 변화시키는 위력을 발휘하게 된다.

- 부모님의 사랑을 느끼고 가족의 소중함을 알게 되니까 작은 일이라도 부모님을 도와드리게 된다. 또 나도 소중한 가족의 일원이라는 자신감이 생겼다.

- 부모님을 생각하는 마음은 있었지만 왠지 어색하고 쑥스러워 행동으로 옮기지 못했었다. 이번 칭찬 수업을 계기로 부모님에 대한 사랑을 말과 행동으로 과감하게 전할 수 있게 되었다.

- 부모님을 대하는 태도가 그 전보다 더 밝아졌다. 또 매사에 자신감이 생겨 하찮은 일이라도 숨기지 않고 부모님께 말씀드리고 의논하는 일이 많아졌다.

- 칭찬하는 일도 익숙해져 어색하지 않게 부모님을 칭찬해 드릴 수 있게 되었다. 부모님께서 항상 웃으시고 잘 대해 주시니까 과제가 끝나도 나 스스로 계속 칭찬활동을 해 나갈 생각이다.

부모님의 잔소리에 적극 공감한다

부모의 입장을 이해하게 되고 부모가 잔소리를 하는 근본적인 원인을 깨닫게 되면 부모의 잔소리가 더 이상 잔소리로 들리지 않는다. 즉, 부모의 입장에 공감을 느끼기 때문에 평소 그렇게 듣기 싫어하던 잔소리가 나를 위한 따뜻한 조언으로 바뀌게 되는 것이다. 부모 입장에서도 잔소리할 일이 부쩍 줄어들고 있음을 느끼게 된다.

- 전에는 부모님의 잔소리가 너무 싫어서 방문을 걸어 잠그곤 했는데, 이제는 부모님을 이해하게 되어 부모님의 즐거운 일, 힘든 일을 함께 나누고 있다.

- 귀찮았던 부모님의 말씀이 지금은 따뜻하게만 느껴지고, 잔소리가 아닌, 위로의 말씀으로 들린다.

- 관심을 갖고 살펴보니 엄마가 잔소리를 하는 이유를 충분히 알 것 같다. 다 내가 부족해서 그런 거고, 다 나 잘되라고 그러시는 것임을 충분히 공감하게 되었다.

불평불만이 확 줄어들었다

칭찬하기 위해 상대를 관찰하다 보면 상대의 장점이 생각보다 많은 것에 놀라게 된다. 또 작은 장점이라도 크게 부각해 칭찬하면 상대는 또 연쇄적으로 긍정적인 모습을 보이게 된다. 또 따뜻한 웃음과 부드러운 목소리로 칭찬하는 동안 서로가 긍정적인 교감을 나누게 되므로 서로에 대한 불평불만이 줄어드는 것은 당연한 일이다.

*전에는 매사가 불만족스럽고 짜증이 났다. 하지만 칭찬활동을 하면서 자연스럽게 웃음도 많아졌고 불평도 줄어들었다. 심지어 요즘 들어 부모님께 죄송하단 생각이 자주 든다. 나 철들었나 보다.

*칭찬을 하려고 하니 말 한마디 할 때마다 부모님을 먼저 생각하게 된다. 그러다 보니 자연스럽게 부모님의 마음을 조금은 이해할 수 있게 된 것 같다. 요즘에는 짜증내는 것도 죄송하고, 부모님이 존경스럽게 느껴진다.

*마음속에 불만이 있더라도 상대방이 기분 나쁠 것 같은 말은 되도록 안 하려고 노력하게 된다. 전에는 부모님께 불평을 정말 많이 했다. 얼굴만 보면 투덜거리던 습관을 고치려고 노력하고 있다. 이렇게 노력하는 내 모습에 나도 놀라곤 한다.

가족간의 대화가 늘어났다

칭찬은 그 자체가 대화가 된다. 대화 중에서도 기분 좋은 대화이기 때문에 대화가 지속적으로 이어질 가능성이 높다. 상당수의 가족 문제가 가족간의 대화 부재로 인한 상호 이해 부족 때문에 발생하는 것처럼, 반대로 칭찬은 대화를 만들고 이해를 만들어 준다. 나아가 가족 문제를 해결하고 미연에 방지하는 기능을 한다.

• 칭찬을 하기 전에는 부모님의 잔소리 때문에 대화하는 게 귀찮고 답답했다. 하지만 칭찬을 하고 일기를 쓰게 되면서 하루가 다르게 칭찬하는 마음이 진실해지고 대화가 늘고 있다. 가슴을 짓누르던 알 수 없는 것들이 모두 풀린 것 같고 가족들과 대화하는 게 즐거워졌다.

• 전에는 부모님과 이야기하는 것조차 귀찮아했었는데 지금은 이야기하는 것이 오히려 즐겁다. 요즘은 날마다 학교에서 있었던 일들을 집에 와서 이야기하느라 시간이 부족하다.

• 중학생이 되고 학년이 올라갈수록 대화가 줄어들고 있었다. 칭찬하느라고 부모님과의 대화도 되찾고 부모님께 먼저 말도 걸게 되었다. 또 나도 모르게 애교도 는 것 같다. 원래 부모님을 살갑게 대하는 성격이 못 되는데, 칭찬을 하다 보니 자연스럽게 애교도 섞이고 그런 것 같다.

가족의 소중함을 느끼게 되었다

10대 중반의 청소년기 아이들은 대부분 가족의 소중함에 대해 느끼지 못한다. 사춘기를 치르면서 자신의 문제만으로도 충분히 머리가 아프기 때문이다. 하지만 이 시기에 칭찬을 통해 가족의 소중함을 느끼게 되면 아이들은 크게 달라진다. 나아가 자신의 꿈과 미래를 설계하는 데도 큰 힘을 얻게 된다.

• 가족의 소중함에 대해 한 번도 생각해 본 적이 없었는데, 칭찬 일기를 쓰고 나서는 부모님의 소중함을 마음으로 느끼게 되었다. 또 내가 태어난 이유도 알 것 같다. 예전에는 부모님께 사랑한다는 말을 못했지만 칭찬 수업을 계기로 사랑한다고 말할 수 있어서 정말 좋았다.

• 부모님이 안 계시는 친구들은 칭찬하고 싶어도 못했을 것이다. 이런 면에서 생각해 보면 나에게 칭찬할 수 있는 부모님이 계시다는 게 더없이 소중하고 감사하다. 가족이 있다는 그 자체가 행복인 것 같다.

• 부모님은 그냥 날 낳고 키우시는 분들이라고만 생각해 왔다. 하지만 칭찬 수업을 통해 생각해 보니 부모님은 나에게 키워 주시는 것 이상의 엄청난 힘을 주셨다. 그것은 바로 '관심'이다. 관심은 즉 사랑이다. 부모님은 나에게 굉장한 사랑을 주신 거다. 나에게 부모님은 세상에서 가장 소중한 분들이시다.

온 집에 칭찬이 가득 찬 것 같다

칭찬은 칭찬을 불러온다. 아이들에게 칭찬을 받은 부모는 자신도 모르게 아이들을 칭찬하게 된다. 칭찬을 받으면 사람은 누구나 기분이 좋아져 상대에게 우호적으로 대하게 되고 웬만한 일은 서로 이해하고 양보하는 분위기가 만들어지기 때문에 실제로 칭찬할 일이 많아진 것처럼 느껴지기도 한다.

- 나는 이유 없이 화를 잘 내는 편이었다. 그런데 칭찬을 시작하면서 칭찬할 일을 찾으려고 노력하다 보니 성격이 많이 부드러워진 것 같다. 이제는 칭찬하는 것도 어느 정도 편해졌고, 엄마 아빠도 내게 자주 칭찬을 해주셔서 행복하고 뿌듯하다.

- 처음에는 그냥 과제 때문에 칭찬을 하게 되었는데, 계속 하다 보니까 진심 반 거짓 반이 되었다. 그러더니 지금은 진심이 대부분을 차지하게 되어서 왠지 마음이 더 편해지고 부모님을 대하기도 좀더 쉬워진 것 같다.

- 처음엔 어색하고 어떻게 해야 할지 몰랐다. 그리고 이런 걸 한다고 해서 가정이 바뀔까? 하는 생각도 들었다. 하지만 두 달 동안 계속 하다 보니 부모님도 차츰 편안하게 받아들이고 기분 좋은 대답을 해주신다. 부모님을 칭찬하면서 얻은 가장 소중한 선물은 부모님의 사랑을 깨닫게 되었다는 것이다. 지금은 과제는 끝났지만, 여전히 자주 부모님을 칭찬한다.

부모님을 이해할 수 있게 되었다

모든 문제의 해결점은 서로에 대한 이해의 폭을 넓히는 것이다. 아이들이 부모를 이해하게 되면 이는 가정회복으로 직결된다. 부모를 칭찬하기 위해 주의 깊게 관찰하는 과정에서 부모의 입장과 상황을 이해하게 된 것이다. 아이들은 가족간의 교류에도 서로간의 노력이 필요하고, 그 노력에 따라 관계가 개선될 수 있음을 배우게 된다.

· 예전에는 집에 들어오기 싫을 정도로 부모님이 싫을 때가 많았다. 그냥 하루 종일 학교에서만 지냈으면 좋겠다는 생각도 했었다. 하지만 요즘 들어 가족간 웃음이 많아지고 부모님도 우리의 의견을 예전보다는 더 많이 존중해 주시는 것 같다. 예전엔 부모님이 날 생각해 주지 않으시니 나도 부모님 생각을 이해하려고 힘쓰지 않았지만, 이제는 서로를 이해하려고 힘쓰고 있다.

· 아빠와는 거의 대화가 없었고, 서로 다가가려고 노력하지도 않았다. 칭찬일기를 쓰면서 부모님이 어떤 행동을 하실 때마다 눈길이 가고 부모님께 이런 면이 있었구나 하고 알게 된 것이 많다. 그때마다 부모님께 무슨 칭찬을 해 드릴까 궁리하게 된다. 또 칭찬을 하고 나면 부모님께서 반응을 보이셔서 보람을 느꼈다.

· 엄마 아빠가 나보다 오빠를 더 좋아한다고 생각해 왔다. 그런데 지금은 엄마 아빠가 누구보다 날 더 좋아하고 이해해 주시는

것을 알게 되었다. 부모님이 얼마나 나를 소중하게 생각하고 사랑하는지 알게 되어 너무 행복하다. 칭찬일기가 나에겐 너무 고마운 계기가 된 것 같다.

• 아빠는 보수적이고 엄마는 깐깐하다고 생각했었다. 하지만 칭찬을 하다 보니 엄마 아빠의 장점을 많이 보게 되었다. 그러면서 가족을 조금 더 생각하고 이해하게 된 것 같다. 마음속에서도 불평보다는 감사한 마음이 더 생겨나고, 이 기회를 통해 마음이 더 깊어진 것 같아서 기분이좋다.

가족이라는 유대감이 생겼다

가족에 대한 유대감은 아이들의 인생관을 변화시킨다. 가족이라는 카테고리를 받아들이며 자신의 정체성을 깨닫게 되고 사회적 존재로서의 자신의 모습을 바라보게 된다. 서로가 양보하고 위로하고 배려하는 가운데 가족애를 키워 나가야 함을 온몸으로 느끼게 되는 것이다. 그 과정에서 아이들은 가슴속에 '믿는구석'을 갖게 된다.

• 가족을 생각하는 방법이 아주 달라졌다. 예전에는 가족들을 관심 깊게 지켜보지 않아 부모님이 힘든 줄 전혀 몰랐는데 칭찬 활동을 하면서 보니까, 부모님이 많이 힘드시다는 걸 깨달았다. 내 칭찬이 부모님께 조금이라도 도움이 되었으면 좋겠다.

● 그동안은 가족에 대해 잘 몰랐던 것 같다. 그저 내 불만만 늘어 놓고 내 욕심만 채우려 했었다. 하지만 지금은 나보다 가족이 먼저라는 생각이 든다. 특히 동생들에게는 내가 형 노릇을 해야한다는 것을 스스로 느끼게 되었다.

● 아빠는 회사일 때문에 스트레스로 하루하루 살아가고 엄마는 우리들 뒷바라지하랴 아빠 뒷바라지하랴 힘들게 지내고 있었다. 칭찬은 지쳐 있던 우리 가족에게 웃음을 되찾아 주었다. 칭찬을 통해 가족의 의미를 다시 한 번 생각해 볼 수 있었고, 또 화목한 가족을 위해 내 자리에서 열심히 노력해야겠다는 생각을 불어넣어 주었다.

부모님이 더욱 친근하게 느껴진다

부모와 자녀들 사이에는 대략 30여 년의 나이 차이가 생기게 된다. 나이 차이가 생기면 그에 따른 거리감과 좁힐 수 없는 감각의 차이가 생기게 된다. 게다가 최근에는 사회 변화의 속도가 빨라 짧은 시간 동안에도 큰 차이가 벌어진다. 이런 거리감은 서로에 대한 관심과 대화를 통해서만 극복될 수 있다. 우리 아이들은 칭찬을 통해 그 계기를 마련하고 있다.

● 칭찬을 통해 부모님과 가족을 보는 내 시각이 정말 달라진 것 같다. 불편했던 부모님과의 관계도 편해져서 너무 기분이 좋다.

그리고 가족이 얼마나 소중한지를 알게 된 것 같다. 칭찬을 하면서 가족의 장점, 좋은 점만 보게 되었더니 가족이 참 좋다는 걸 온몸으로 느끼고 있다.

• 칭찬 활동을 하기 전에는 집에서 말도 별로 안 하고 무뚝뚝할 때가 많았다. 하지만 칭찬을 하면서 말도 많이 하게 되고 그로 인해 저절로 엄마 아빠랑 친해질 수 있었던 것 같다. 특히 아빠랑은 말할 기회가 없어서 약간 서먹한 사이였는데 이제는 아빠가 너무 좋아졌다.

• 칭찬하면서 가장 좋았던 것은 가족 관계가 좋아진 것이다. 대화할 때도 예전보다 훨씬 편하게 하고 서로를 더 존중하면서 말하는 게 느껴진다. 칭찬 싫어하는 사람 없다고, 정말 칭찬은 사람을 기분을 좋게 만드는 것 같다. 또 칭찬하는 내 기분도 좋아져 좋은 말을 많이 주고받다 보니 자연스럽게 친해진 것 같다.

말하기 전에 한 번 더 생각하게 되었다

칭찬 한마디 하려면 수없이 관찰하고 이리저리 생각을 정리하고 마음속으로 몇 번 연습한 뒤에야 입이 떨어진다. 경험이 쌓이면서 칭찬은 한결 쉬워지지만 아무래도 상대를 칭찬하자면 말 한마디에도 신중해질 수밖에 없다. 직설적이고 즉흥적인 청소년기의 아이들이 말 한마디를 할 때도 한 번 더 생각하게 되는 것은 실로 놀라운 변화라고 할 수 있다.

• 엄마 아빠는 어른이라 칭찬을 해도 그냥 그렇겠지 생각했는데, 칭찬을 받으면 어린애들처럼 좋아하고 부끄러워하시는 것이다. 이런 모습을 보며 "역시, 엄마 아빠도 마음은 우리랑 똑같구나" 하는 생각을 하게 되었다. 이제는 말 한마디를 할 때도 한 번 생각하고 해야겠다고 생각했다.

• 전에는 학교 갔다 와서 피곤하면 부모님이 뭐라고 하셔도 건성으로 대꾸하곤 했다. 그러다 칭찬이기 때문에 열심히 생각하고 말을 걸다 보니 자연스럽게 부모님을 더 존중할 수 있었다. 피곤한 저녁에도 서로 좋은 말을 주고받으면 기운이 나고 피로가 가시는 것을 느낄 수 있었다.

• 칭찬할 상황이나 타이밍을 맞추려고 하다 보니, 부모님 말씀을 좀 더 귀 기울여 듣게 되었고, 대화의 주제도 점점 다양해졌다. 엄마도 예전에 비해 좋은 충고나 조언을 자주 해주신다. 나 역시 부모님의 행동에 기분이 좋아져 좋은 이야기를 더 많이 해 드리기 위해 노력하고 있다.

감사하는 마음을 되새기게 되었다

사람을 변화시키는 가장 큰 마음의 움직임은 바로 감사다. 특히 아이들이 부모에게 진심으로 감사하는 마음을 갖게 되면 큰 변화가 일어난다. 아이들은 나쁜 길로 빠지지 않도록 스스로를 통제하며 부모가 마련해 준 것이라면 작은 환경 하나라도 소중하게 여길 줄 알게 된다. 가정은 물론, 장기적으로 아이들의 인생이 달라지는 것이다.

• 전에는 부모님께서 뭘 하든지 신경도 쓰지 않았었다. 그래서 그런지 존재감이라는 게 별로 없었다. 하지만 칭찬의 소재를 찾으려고 부모님을 관찰하면서 부모님의 소중함과 사랑을 느끼게 되었다. 내가 보지 않는 곳에서 나를 도와주시는 부모님께 정말 감사했다. 앞으로는 집안일도 더 많이 돕고 공부도 더욱 열심히 해야겠다.

• 처음에는 부끄러움을 무릅쓰고 하는 칭찬에 반응이 없는 부모님이 너무 서운했다. 하지만 이젠 내 칭찬도 제법 성숙하고 차분해졌고, 부모님도 적극적인 반응을 보여 주신다. 이 과정에서 부모님의 사랑을 확인할 수 있었고, 은혜와 감사를 배우게 되었다. 부모님의 은혜에 꼭 보답하고 싶다.

• 칭찬을 하려고 부모님을 관찰하면서 부모의 역할이 얼마나 힘든 줄 알게 되었다. 전에는 부모님의 안 좋은 점만 보이고 내 맘도 모르고 잔소리만 한다고 생각했는데, 부모님의 좋은 점을 보다 보니 부모님이 얼마나 나를 사랑하고 신경 쓰고 있는지 알게 되었다. 앞으로는 부모님한테 칭찬을 많이 하고 효도해야겠다는 생각이 든다. 부모님이 참 자랑스럽다.

내 안의 사랑이 커진 것 같다

가족에 대한 감사와 사랑을 깨닫게 되면서 아이들의 마음속에는 긍정적인 에너지가 들어차게 된다. 이 에너지는 사랑의 작은 씨앗이 성장할 수 있는 자양분이 된다. 가족을 칭찬하고 더러는 칭찬을 받으면서 아이들의 가슴 속에서는 사랑이 부쩍부쩍 커가는 것이다. 나를 사랑하고 상대를 사랑할 줄 아는 건강한 사람으로 성장하는 것이다.

• 부모님은 세상 누구와도 바꿀 수 없는 소중한 분들이다. 난 부모님께서 나보다 동생을 더 예뻐한다고 생각해 왔다. 하지만 엄마가 나에게 써 주신 편지를 보고 그게 아니었다는 걸 깨달았다. 난 엄마의 편지를 읽으면서 눈물을 뚝뚝 흘리고 말았다. 정말 감명 깊었다. 엄마 아빠가 날 이렇게 끔찍이 아끼는 줄 이제야 깨달았다.

• 칭찬을 하다 보니 가족간의 사랑이 커지고 모든 가족이 서로 존중하게 된 것 같다. 항상 부모님을 탓하기만 하고 모든 잘못을 부모님께 돌리기만 했는데, 나의 부모님은 누구보다 자상하고 좋은 분들이란 걸 깨닫게 되었다. 그리고 나도 부모님을 사랑하고 있다는 걸 느끼게 되었다.

• 가족을 그냥 같이 사는 사람, 혹은 사랑해야 하는 사람쯤으로 생각했었던 것 같다. 하지만 칭찬일기로 인해 가족을 말하지 않

아도 느낌으로 알 수 있는 사람들이라는 생각을 갖게 되었다. 가족이 얼마나 소중한지 하루 매시간 매순간 느끼며 살 수 있도록 노력해야겠다.

긍정적인 마음을 갖게 되었다

타인에 대한 관심과 배려, 칭찬의 말과 웃는 얼굴, 부드러운 태도 등은 칭찬을 받는 사람은 물론, 칭찬하는 사람을 긍정적으로 변화시킨다. 자연스럽게 얼굴에 빛이 나며 몸에서 자신감이 우러나온다. 모든 일이 잘될 것이라는 긍정적인 마음이 생활화되면서 아이들의 생활은 실제로 변화되어 간다. 아이들 스스로도 자신의 변화를 감지하고 있어 더욱 가치가 크다.

● 내 사고방식이 바뀐 것 같다. 전에는 가족들의 단점이 더 많이 눈에 들어오고 짜증스런 생각부터 들곤 했는데, 칭찬을 배우면서부터는 생각과 마음이 더 긍정적으로 변한 것 같다. 지금은 가족들의 장점이 더 잘 보이고, 매사를 긍정적으로 생각하려 노력하고 있다.

● 예전에는 엄마가 힘들다거나 아프다고 하면, 별일 아니겠지 하고 그냥 넘어가거나 짜증이 났었다. 하지만 칭찬을 통해 달라진 요즘에는 엄마가 아프고 힘들다고 하면 안마가 먼저 생각난다. 내가 가족들을 보다 긍정적이고 적극적으로 대하게 된 것 같다.

● 예전에는 엄마, 아빠, 심지어는 언니까지 날 생각하고 있는지 잘 몰랐다. 가족들에게 언제나 무관심했던 것 같다. 하지만 이제는 '무관심'이란 단어가 내 머릿 속에서 사라져 버렸을 만큼 가족들에게 많은 관심을 갖게 되었다. 모든 가족이 서로 관심을 갖고 상대를 보살피면 가정이 훨씬 행복해질 것 같다.

가정을 변화시키는 칭찬 도미노

칭찬할 때 지켜야 할 중요한 원칙 중 하나가 보상을 바라면 안 된다는 것이었다. 하지만 칭찬에는 어떤 식으로든 보상이 따르게 마련이다. 칭찬이란 것이, 하는 사람이나 받은 사람 모두를 기분 좋게 만드는 것이다 보니 주고받는 사람들 사이에 변화가 생길 수밖에 없는 것이다.

이런 변화는 눈에 보이는 보상, 또는 눈에 보이지 않는 보상이 되어 갖가지 즐거움으로 돌아온다. 가장 소중한 경험은 부모님의 태도 자체가 달라지고 있음을 아이들이 느낀다는 것이다.

눈에 보이는 칭찬의 보상들

눈에 보이는 보상은 칭찬 훈련 초기에 아주 훌륭한 당근이 된다. 아이들이 칭찬하는 데 힘을 주고, 집안 분위기를 눈에 띄게 변화시키는 효과가 있기 때문이다. 아이들은 자신에게 돌아오는 혜택은 물론, 아버지와 어머니 서로가 겪는 행동 변화 자체를 민감하게 감지해 낸다.

- 근래에 들어 외식 횟수가 많이 늘었다.
- 밥상이 전에 비해 훨씬 화려해졌다.
- 아버지가 용돈을 자주 주신다.
- 아버지가 주방에 들어가는 횟수가 늘었다.
- 두 분이 함께 약수터에 물을 뜨러 가신다.
- 일요일이면 두 분이 나란히 교회에 다녀오신다.
- 아침밥이 거르지 않고 나온다.
- 우리가 늦더라도 안 주무시고 기다려 주신다.
- 웃음, 포옹, 뽀뽀 같은 애정 표현이 많아졌다.
- 휴대전화, MP3, 컴퓨터 같은 선물을 사주신다.

눈에 보이지 않는 칭찬의 보상들

칭찬의 본질적인 목적이 가정의 상처를 회복하고 행복을 향한 비전을 제시하는 것인 만큼, 가정 내 화목이라는 눈에 보이지 않는 보상은 장기적으로 아이들의 정서 발달과 가정의 행복 추구에 직접적인 영향을 미친다. 칭찬 활동을 하는 동안 가정이 이미 변화되고 있는 것이다.

- 엄마가 아빠를 칭찬하시는 것 같다.
- 집안에서 큰소리 나는 일이 줄어든 것 같다.
- 부모 형제가 한결 친밀하게 느껴진다.
- 가족이 서로서로 칭찬하는 게 익숙해졌다.
- 대화거리가 많아져 가족간 대화 시간이 길어졌다.
- 칭찬은 언제나 웃음으로 이어진다.
- 서로 농담을 주고받는 일이 많아졌다.
- 가족간 위로는 언제나 가장 든든한 힘이 되어 준다.
- 외로워 보이던 아버지가 말도 많이 하시고 활기차게 지내신다.
- 부모님이 나를 사랑하는 것을 느낄 수 있다.
- 가족간의 유대감이 강해지는 것을 느낄 수 있다.
- 칭찬을 자주 하다 보니 자신감이 생겼다.

• 성격이 적극적으로 변하는 것 같다.

• 방과 후에 집으로 돌아가는 일이 즐거워졌다.

부모님의 달라진 모습들

아이들이 말하는 부모님의 변화를 살펴보면 부모님의 행동 하나하나, 말 한마디 한마디에 아이들이 얼마나 민감하게 반응하고 있는지 알 수 있다. 칭찬을 하자면 부모님을 세밀히 관찰할 수밖에 없는데, 그 과정에서 아이들은 부모님을 바라보는 시각도 키우게 되고 자신의 미래상을 만들기도 한다.

• 칭찬활동을 시작한 뒤로 부모님께서 싸운 적이 없다. 그리고 시간 날 때마다 가족 한 사람 한 사람과 대화할 시간을 만들고 있다. 대화 도중에도 서로서로 칭찬을 주고받게 되었고, 자연스레 가족이 화목해졌다.

• 우리 집은 가족간에 대화가 없고 웃음이 없어 썰렁했었다. 부모님도 내 의견을 관심 있게 들어주지 않으셨다. 하지만 칭찬을 한 뒤 여러 가지 대화와 농담이 오가는 집으로 변해 가고 있다. 요즘은 내가 공부할 때 엄마가 도와주기도 하신다.

• 칭찬을 통해 아빠가 많이 달라지셨다. 전에는 술도 자주 마시고 담배도 아무데서나 피우셨는데 칭찬을 하면서부터는 술을 자

제하시는 것 같고 담배도 꼭 밖에 나가서 피우신다. 아빠와 엄마가 대화하는 시간도 많아진 것 같다.

• 무슨 말을 해도 대답도 잘 안 하고 무뚝뚝하기만 했던 엄마가 많이 상냥해지셨다. 아빠는 버럭 화를 내는 일이 잦았는데 요즘에는 그런 일이 거의 없다. 두 분 모두 모든 면에서 관대해지셨다. 요즘은 집에 들어가는 게 싫지만은 않다.

• 최근 들어 아빠가 화장실 청소며 설거지 등 집안일을 많이 하신다. 엄마도 식사 준비에 신경을 많이 쓰시는 것 같다. 간식도 훨씬 다양해졌다. 전에 없던 굿나잇 인사도 생겼고, 엄마 아빠가 자신감이 있어 보여 좋다.

• 그동안 알 수 없는 벽이 나와 부모님 사이를 가로막고 있었던 것 같다. 권위적인 아빠의 벽이 너무 높고 험하게만 느껴졌었다. 그런데 칭찬을 시작한 뒤로는 부모님과 점점 가까워지는 듯하다. 처음에는 어색해서 많은 용기가 필요했지만, 지금은 아빠와 이야기도 많이 나누고 엄마와 편지도 자주 주고받는다.

• 마음먹고 칭찬을 하려니 무슨 말을 어떻게 해야 할지 막막했다. 하지만 용기 내서 사소한 것 하나하나를 칭찬하다 보니 무슨 일이든 즐거우신 듯 엄마는 하루 종일 콧노래를 흥얼거리신다. 덩달아 나도 기분이 좋아진다.

• 칭찬을 하기 전에는 내가 하도 짜증을 내서 그런지 부모님 얼굴에서 웃음 찾아볼 날이 거의 없었다. 그런데 칭찬 표현을 시작한 뒤로는 부모님의 웃음과 은근히 좋아 보이는 밝은 표정을 자주 볼 수 있게 되었다. 또 내가 칭찬한 만큼 나에게도 칭찬을 많이 해주신다.

• 전에는 몰랐었다. 가족이 날 사랑하는지…… 하지만 내가 먼저 마음을 열고 칭찬을 하니까 가족들도 점점 마음을 열어 갔다. 요즘은 가족 모두가 조금씩 노력하는 걸 느낄 수 있으며, 가족이 점점 친숙하고 가깝게 느껴진다. 이제 우리 가족의 냉전 시대는 끝난 것 같다.

부모님의 마음을 전하는 감사편지

아이들의 칭찬 활동이 가정에 어떤 자극을 주고 어떤 변화를 만들고 있는지는 부모님들께서 보내온 편지를 보면 알 수가 있다. 해마다 칭찬 수업이 끝나고 나면 '행복한 가정을 만들어 주어서 고맙다'는 편지를 받게 된다. 이런 편지들이 감사한 것은, 어려운 환경이나 갑자기 나빠진 상황에서 사춘기를 겪어야 하는 아이들이 생각을 전환하는 계기를 갖게 되고, 그들의 부모 역시 진심으로 칭찬의 필요성과 위력에 공감하고 있다는 것이다. 이렇게 단 한 아이의 마음만 위로하고, 단 한 가정의 웃음만 되찾았다 해도 그간의 수고와 노력이 아깝지 않은 셈이다.

다음은 서울에서 제법 큰 사업체를 경영해 오다 경영 악화로 검단으로 이사를 오게 된 어느 가정의 어머니가 보내온 편지의 한 대목이다. 이 편지는 칭찬을 통해 인생의 실패를 받아들이는 마음가짐 자체가 달라졌음을 이야기하고 있다. 아픔과 실패를 디딤돌로 삼아 행복을 되찾은 이 가정은 이제 웬만한 어려움은 웃으면서 극복해 나갈 수 있을 것이다.

사업이 기울어 모든 걸 정리하고 떠밀리듯 이곳 검단으로 이사를 오게 되었습니다. 사춘기를 맞은 아이의 태도가 변하는 것은 당연한데도, 환경이 좋지 않다, 수준이 낮다, 좋지 않은 환경으로 이사 와서 애가 변했다고만 생각했습니다. '어서 빨리 다시 서울로 이사해야 할 텐데……'하고 불안해하며 여유만 생기면 언제든지 이사를 가려고 마음먹고 있었습니다. 그런데 어느 날부터가 아이의 행동이 변하기 시작했습니다. 기쁘기도 하고 행복하기도 하고 궁금하기도 했었는데, 나중에 알고 보니 학교에서 수행평가로 실시한 칭찬일기 덕분이었습니다. 이 칭찬일기 덕분에 저희 집에 대화가 늘었습니다. 웃음이 늘어났습니다. 저희 집이 행복해졌습니다. 저희가 이곳 검단으로 이사 온 것이, 그리고 검단중학교에서 선생님을 만난 것이 우리 집의 행운이었습니다. 행복한 가정을 만들어 주셔서 감사합니다.

또 어떤 어머니는 "어디서 어떤 처지에 놓이게 되건 제 할 나름이라는 것을 칭찬 수업을 통해 알게 되었다"며 그 마음 변치 않고 배운 그대로 칭찬하며 살고자 약속하는 뜻으로 편지를 보내왔다. 또 어머니 자신도 네 줄짜리 칭찬일기를 써 보겠다며 칭찬을 생활화할 것을 약속했다. 교사로서 해야 하는 일을 했고 할 수 있는 일이기에 했을 뿐인데, 학생이나 부모님들로부터 이런 칭찬과 감사를 받게 되면 얼마나 행복하고 보람 있는지 모른다. 이 또한 교사만이 가질 수 있는 권한이요, 보람이요, 자랑인 것이다.

칭찬 커뮤니케이션의 효능

칭찬을 들으면 엔도르핀의 생성이 활발해져 생리적으로 자신감이 충만해진다. 자신감이 있는 사람은 다리가 예쁘지 않아도 당당하게 미니스커트를 입고 다니는 것처럼, 칭찬을 들으면 자신감이 생겨서 실패를 두려워하지 않게 된다. 자신감은 사람들이 스스로 힘을 낼 수 있도록 동기를 부여하고 더 큰 성취 욕구를 갖게 하고 내적인 성장뿐 아니라 외적인 성장까지 이루게 도와준다. 산 위의 작은 눈 덩이가 아래로 굴러가면서 커지면 무서운 파괴력을 가진 눈사태로 발전되듯, 조그마한 장점이라도 계속해서 칭찬받다 보면 자신감과 자부심을 불러일으켜 자기가 가진

재능과 능력을 최대한 발휘할 수 있게 된다. 바로 이것이 칭찬이 만드는 자신감의 소중한 가치다.

칭찬은 우리에게 감동을 준다. 칭찬을 통해 감동을 주고받을 때 우리 몸 안에서는 다이돌핀이 생성되어 몸과 마음이 건강해지고, 가정이 건강해지고, 삶이 건강해지는 것이다. 교육 현장에서 보면 부모를 칭찬한 학생들이 칭찬의 파급효과를 통해 감동을 받고 생활의 변화를 경험하는 경우가 많다.

 • 사소한 칭찬 몇 번 했을 뿐인데 부모님께서 자주 웃으신다. 부모님의 웃는 모습에 나도 저절로 웃음이 나온다. 칭찬을 배우게 된 것 자체가 나에겐 너무나도 큰 선물이다.

 • 나의 칭찬에 용기를 내셨는지 아빠가 10년 만에 빨래를 하셨다. 엄마는 다 내 덕이라고 하며 웃으신다. 가족끼리 '사랑해'라는 말을 거리낌 없이 하게 되다니 꿈만 같다.

칭찬을 경험한 아이들의 감상문은 칭찬의 감동과 위력을 아주 정확하게 표현하고 있다. 겨우 칭찬 몇 번에 부모님의 말이 달라지고 행동이 달라지는 것을 아이들은 감동 속에서 지켜본다. 나는 또 이 감동을 통해 아이들 자신이 얼마나 달라지고 있는지 확인하며 감동에 젖는다.

칭찬은 생각과 행동을 변화시킨다

부모님을 칭찬하라는 과제를 받은 아이들은 한결같이 난처해한다. 부모님을 칭찬한다는 생각 자체를 해본 적이 없기 때문이다. 칭찬은 으레 부모님이 해주시는 것이라고만 생각해 온 데다 한 번도 해본 적이 없는 일을 하려니 머쓱하고 어색한 생각이 앞서는 것이다. 그러나 부모님을 칭찬하고 나서 학생들은 다음과 같이 고백하고 있다.

• 칭찬 표현을 하기 전에는 나도 짜증이 심한편이었고 부모님도 별로 웃는 일이 없었다. 그런데 칭찬을 시작한 뒤로는 은근히 좋아하며 웃는 부모님의 얼굴을 자주 볼 수 있다. 또 내가 칭찬한 만큼 나에게도 칭찬이 돌아오는 것을 느낄 수 있다.

• 전에는 내가 뭘 해도 트집이었다. 내 생각엔 별로 큰 잘못이 아닌 것 같은데도 곧잘 화를 내곤 하셨다. 그런데 칭찬을 시작한 후에는 간식도 자주 준비해 주시고 웬만한 잘못은 크게 꾸짖지 않으시는 것 같다. 무엇보다 부정적인 말투가 사라진 것 같아 기분이 좋다.

불과 한두 달 만에 겪게 되는 변화다. 칭찬을 통해 아이들은 생각의 전환을 경험했고 스스로의 행동을 수정해 나가고 있다. 찡

그린 얼굴로 누군가를 칭찬할 수는 없는 노릇이다. 칭찬하자면 당연히 좋은 점을 찾아내야 하고 좋은 말투로 기분 좋은 이야기를 건네야 한다. 그러자면 칭찬하는 사람의 얼굴에 미소가 떠오르는 것은 기본이다. 이런 과정을 통해 아이들은 남을 칭찬하기에 앞서 자신이 즐거워지는 경험을 하게 되는 것이다. 이런 경험은 긍정적인 생활 태도를 불러온다. 어느 순간 변해 있는 자신의 모습을 발견하면 아이들은 급격히 변화되어 간다.

더욱 놀라운 것은 과제 때문에 시작한 작은 칭찬들이 모여 부모나 형제 등 다른 가족들의 생각과 행동까지 변화시키고 있다는 것이다. 처음에는 서로 어색해 반응을 주고받지 못하는 사례가 많지만, 몇 번만 되풀이하다 보면 금세 익숙해져 가정에 대화가 늘어나고 웃음이 늘어나고 행복이나 사랑을 느끼는 빈도가 높아진다. '빈말이라도' 듣기 좋은 말에 얼굴 붉힐 사람은 없는 것이다.

칭찬 커뮤니케이션의 몇 가지 사례

아이들은 칭찬을 하고 '칭찬일기'를 쓰는 것만으로도 스스로 성장해 가고 있다. 전에 시도해 보지 않은 방법으로 부모와 커뮤니케이션을 하는 것만으로도 겪어 보지 못한 감동을 느끼게 되

는 것이다. 아이들의 사례를 살펴보면 우리 아이들이 사소한 말 한마디나 작은 행동 하나에 얼마나 섬세하고 민감하게 반응하는지 읽을 수 있다.

> 성적이 떨어졌는데도 화내지 않고 다음에 꼭 잘 보라고 하시는 상황에 대해 "화내실 줄 알았는데 오히려 위로해 주시니 너무 고맙습니다. 엄마는 이해심이 많으신 것 같아요" 하면서 엄마를 칭찬했더니, 엄마가 "다음엔 꼭 잘해라"라고 말씀하셨다. 나를 이해해 주는 엄마가 고마웠다. 다음번에는 꼭 성적을 올려야겠다.

성적이 떨어져 이미 야단맞을 각오하고 집에 들어갔는데, 뜻밖에 다가온 엄마의 위로는 채찍보다도 더 강한 효과를 발휘했다. 아이가 자기의 부족한 점 때문에 힘들어할 때 부모의 따뜻한 말은 용기와 자신감을 주고 아이를 든든히 받쳐 주는 기반이 된다. 간혹 잘못하는 일이 있더라도 올바르고 훌륭한 사람이 될 수 있다는 믿음을 심어 주어야 한다. 아이들은 부모의 믿음을 먹고 살고 부모의 믿음만큼 능력을 발휘할 수 있다.

> 한참 컴퓨터 게임을 하고 있을 때 엄마가 컴퓨터 좀 끄라고 조용히 말씀하셨다. "네, 끌게요. 엄마! 항상 나 걱정해 주셔서 고맙습니다" 했더니, "새삼스럽게……" 하면서 안방으로 들어가셨다. 엄마가 조금 쑥스러우신가 보다. 사실 나도 닭살 돋았다.

아이들은 부모는 하고 싶은 것은 뭐든지 다 하고, 하고 싶은 말은 무슨 말이건 자유롭게 한다고 생각한다. 하지만 청소년기의 자녀를 키우고 있는 부모는 아이에게 필요한 말을 하면서도 아이가 어떻게 반응할지 몰라 매우 조심스럽다. 그러다 보니 부모가 뭔가 이야기하거나 귀찮아할 만한 일을 시켰을 때 "네" 하고 대답하는 것만으로도 마음이 놓인다. 그런데 위의 경우처럼 "고맙습니다"까지 곁들이게 된다면 얼마나 안심이 되고 고마운지 모른다. 이 아이의 어머니도 안방으로 들어가서 혼자 활짝 웃었을 것이다. 아이의 한마디 칭찬과 감사가 어머니에게 삶의 보람을 드렸고, 기쁨을 드렸고, 웃음을 안겨 드린 것이다.

● 친한 친구와 싸워서 힘들어할 때 잘해 주시는 엄마에게 "내가 힘들 때 옆에 있어 주셔서 고마워요. 엄마, 사랑해" 하고 칭찬을 했더니, 엄마가 말없이 안아 주셨다. 그동안 엄마가 정말 미웠는데 그 미움들이 순식간에 없어져 버렸다.

이유는 그리 중요치 않다. 아이가 뭔가 힘들어할 때 그저 말없이 안아 준 엄마의 스킨십 하나로 아이의 마음에 쌓여 있던 미움들이 모두 녹아 없어진 것이다. 부모를 칭찬했지만 칭찬의 진짜 혜택은 아이 자신이 되돌려 받게 되는 상황이다. 이 어머니 역시 훌륭하게 반응했다. 아이가 힘들어할 때 뭐가 그리 힘든지 따져

묻지 않고, 그저 옆에 있어 주면서 아이에게 말없이 힘이 되어 준 어머니의 행동도 칭찬받을 만하다. 너무 가까이에서 감시하지 않으면서도 아이의 아픔을 알고 그 아픔을 마음으로 공유할 줄 알아야 한다. 그 아픔이 지나가면 아이는 한결 더 성숙해진 모습을 보여줄 것이다. 힘들어하는 아이의 모습이 답답하고 안쓰러워서 가만히 두고 보지 못하는 것이 부모들의 병이다. 모든 상황이 성장기에 겪어야 할 통과의례라고 생각하고 여유를 가져야 한다.

아이의 칭찬 한마디가 부모의 행동에 영향을 주고 부모로 하여금 긍정적인 생각을 갖도록 한 경우다. 우리 아이들은 칭찬의 상황이 아닌데도 칭찬하려고 노력하면서 칭찬을 이끌어 냈고, 부모님을 감동시키며 가정에 변화를 주는 중심점이 되었다. 칭찬하려고 마음을 먹으면 누구에게나 칭찬의 눈이 열리게 되어 있다. 실제로 칭찬하려고 살펴보니 우리 집에는 없다고 생각했

던 칭찬거리가 우리 집에도 얼마나 많은지 깜짝 놀랐다는 아이
들이 적지 않다.

　우리 아이들은 부모님의 웃음 하나, 미소 하나에도 감동하며
행복을 느끼고 있다. 부모님의 넉넉한 마음에서 배어 나오는 '씨
익' 웃어 주는 그 웃음 말이다. 아이들은 부모의 얼굴에서 삶의
행복과 불행을 느끼며 자라고 있는 것이다. 매일 거울을 보면서
웃는 연습을 해보자.

> ● 아빠가 담배를 끊으려고 노력하실 때 "노력하시는 모습이 너
> 무 보기 좋아요"하고 칭찬을 했더니, "너도 뭐든지 열심히 해"라
> 고 말씀하셨다. 우리 아빠에게 저런 면이 있는 줄 미처 몰랐다.

　아버지를 칭찬하면서 아버지의 인간적인 면, 약한 면을 보게
되었고, 그러면서도 노력하는 아버지의 모습을 보았기 때문에
아버지의 훈계가 잔소리로 들리지 않은 것이다. 이렇게 아이들
은 부모와 동질감을 느낄 때 감동하고 부모를 사랑하게 된다. 우
리 아이들은 부모님을 칭찬하면서 자기도 모르는 사이에 변해
가고 있다. 부모님을 칭찬하면서 부모님 삶의 모습들을 볼 수 있
게 되었고, 부모님과 삶의 여정을 함께 걸어가게 된 것이다.

두 달이면 배우는 소통의 힘

가정과 관련된 수업을 하고 있었다. 아이들이 당연히 부모님께 만족하고 감사하리라 여기면서 혹시 부모님께 불만족스러운 사람이 있는지를 물어보았다. 그런데 의외로 많은 학생들이 부모님께 대한 불평들을 털어놓기 시작했다.

"내 마음대로 하고 싶다. 컴퓨터를 더 많이 하고 싶고, 밤에 더 늦게 들어가고 싶고, 내가 하는 일에 참견 좀 안 했으면 좋겠다. 사 달라는 것 좀 다 사주고, 용돈도 더 주면 좋겠다"는 자기중심적이고 이기적인 불평도 있었고, "부모님이 안 싸우면 좋겠다. 가족이 함께 여행을 가면 좋겠다. 더 넓은 집에서 살면 좋겠다.

가족이 함께 모여 외식하면서 대화 좀 나누면 좋겠다. 가정에 돈이 더 많으면 좋겠다" 등의 소망이 섞인 불평도 있었다.

아이들의 불평은 부모님과 대화를 하거나 부모님을 조금만 더 이해한다면 해결될 수 있는 것들이 대부분이었다. 가족간의 대화가 단절되고 그로 인해 서로에 대한 이해가 부족하게 되고, 또 다시 대화를 외면하는 악순환이 계속되면서 부모는 부모대로 답답하고 아이들은 아이들대로 불만스러운 상황이 반복되고 있는 것이다. 칭찬일기는 바로 이런 문제를 해결하는 단초를 제공하기 위한 것이었다.

두 달이면 배우는 인생의 교훈

벌써 5년째 칭찬 수업을 해오고 있지만, 학기 초에 부모님을 칭찬하라는 숙제가 떨어지면 아이들의 반응은 해마다 한결같다. "뭐 이런 숙제가 다 있어!" 하면서 시큰둥한 반응을 보이는 것이다. 그러나 수업 시간에 칭찬했던 사례를 발표하게 해보면 부정적인 반응보다 긍정적인 반응이 훨씬 많다. 수행평가 때문에 어쩔 수 없이 해온 것이 아니라, 정말로 칭찬의 원칙들을 철저히 지키기 위해 노력하며 성의껏 해온 것을 피부로 느낄 수 있다. 이렇게 1~2주가 지나면 처음에 칭찬 활동을 제대로 하지 못했던 아이들도 용기를 얻고 더 열심히 부모님을 칭찬하기 시작한다.

- 칭찬 상황 : 가게에서 엄마와 아빠가 다정하게 일을 하실 때.
- 칭찬한 말 : 엄마와 아빠가 같이 일하는 모습이 보기 좋아요.
- 부모님의 반응 : 웃으셨다.
- 나의 생각 : 오늘은 대박이다. 이렇게 반응 좋을 때는 없었다.
  너무 기뻐서 눈물이 난다.

칭찬일기는 4줄짜리 짧은 일기로 구성되어 있지만, 이 작은 구성의 과제를 통해 아이들은 전혀 생각하지 못했던 경험들을 하게 되고, 자신의 변화를 체감한다. 칭찬 활동을 하면서 아이들이 고백하는 마음을 들어보면 우리 아이들이 부모들의 생각보다 훨씬 더 깊이 생각하고 있으며 부모와 가족을 바라보며 자아를 형성해 가고 있음을 알 수 있다.

- 부모님께 말 한마디라도 잘 해 드리는 것이 효도라는 것을 배우고 있다. 칭찬을 하다 보니 부모님도 어느새 나의 칭찬 속에 들어와서 살고 계셨다. 내 곁에는 항상 엄마와 아빠가 계셨다는 것을 깨닫게 되었다. 엄마의 힘든 모습과 아빠의 처진 어깨를 보게 되었다.

변화는 칭찬을 받은 당사자인 부모에게도 일어난다. 평소 자녀로부터 칭찬을 들어보지 못했던 부모님들은 자녀의 의젓한 칭찬이나 세심한 배려의 말 한마디에 삶의 보람을 느끼며 눈물을 흘린다. 사실 나이가 들수록 아랫사람을 배려해야 하고 아이들을 위해 희생해야 한다. 나를 돌아볼 시간이 주어지지 않고 누군가와 따뜻한 정을 나누며 마음의 위안을 얻을 만한 기회도 줄어든다. 가족도 마찬가지다. 해야 할 의무만 가득하고 나만의 권리나 지극한 사랑을 느끼기에는 생활이 너무 단조롭고 분주하다. 그러다 보니 예기치 못한 상황에서 아이들이 건네는 한마디 칭찬은 부모들의 가슴에 찡하는 여운을 남긴다.

- 칭찬 상황 : 아빠가 집에 들어 오셨을 때.
- 칭찬한 말 : 아빠 힘드실 텐데도 우릴 위해 일 해주셔서 감사합니다.
- 부모님의 반응 : 감동 받으신 표정이다.
- 나의 생각 : 왠지 모를 눈물이 핑 돌았다.

- 칭찬 상황 : 엄마가 담에 걸려 아프셨다.
- 칭찬한 말 : 엄마, 나 때문에 고생했지? 미안해.
- 부모님의 반응 : 몰래 고개를 돌려 눈물을 닦으셨다.
- 나의 생각 : 죄송한 마음만 든다. 잘해 드려야겠다.

- 칭찬 상황 : 엄마가 몸이 많이 안 좋아지셔서 누워 계실 때.

- 칭찬한 말 : 엄마, 많이 아파? 내가 좀 도울게. 계속 누워 있어.
- 부모님의 반응 : 미안해. 엄마가 왜 이러는지……. 고마워…….
- 나의 생각 : 엄마에게 투정 부렸던 게 너무 죄송스럽다. 집안일 좀 도와드려야지.

숙제로 시작한 칭찬은 처음엔 일방통행이었지만 시간이 조금 지나자 쌍방이 서로 교통하는 소중한 대화가 되었다. 자녀의 칭찬 한마디가 부모님께 큰 기쁨을 주었던 것처럼, 부모의 따뜻한 반응은 자녀들에게 삶의 용기와 힘을 주었다.

두 달 동안 30번 부모님 칭찬하기 활동을 모두 마치고 나니, 아이들의 입에서 많은 불평들이 사라졌음을 확인할 수 있었다. 뿐만 아니라 아이들 스스로 내 가정을 내가 지키겠다고 하기도 하고, 힘들어하시는 부모님을 이젠 먼저 도와드리겠다고 다짐하기도 하고, 부모님의 사랑을 이제야 깨닫게 되었다고 말하기도 한다. 부모님께 선물을 드리는 것보다 부모님의 마음을 기쁘게 해 드리는 것이 진짜 효도라는 것을 알았다는 의견도 많고, 가족이 나에게 가장 소중하다는 것을 마음 깊이 느꼈다고 털어놓기도 한다.

칭찬일기를 쓰는 것 자체를 비밀로 한 채 부모님을 칭찬하게 했고, 또 숙제 때문에 억지로 시작한 칭찬이었지만 칭찬의 결과와 효과는 상상 이상이었다. 한마디 칭찬을 통해 대화의 물꼬가 터지고 서로를 이해하게 되면서 부모와 아이들은 내적 치유를 경험하고 있었다.

- 칭찬 상황 : 엄마에게 생신 선물을 드리면서.
- 칭찬한 말 : 생신 축하드려요. 오래오래 사세요.
- 부모님의 반응 : 우리 딸밖에 없네.
- 나의 생각 : 짧은 한마디에 마음이 울컥했다. 엄마, 태어나 주셔서 감사합니다.

- 칭찬 상황 : 내가 컴퓨터를 하고 있는데 아빠가 공부하라고 잔소리를 하신다.
- 칭찬한 말 : 앗! 제가 바른길로 갈 수 있게 도와주시는 거예요? 아빠, 감사해요.
- 부모님의 반응 : 의외라는 듯 "빨리 공부나해" 하고 조용히 나가신다.
- 나의 생각 : 난 정말 바본가 보다. 아빤 날 위해 걱정하시는데…… 나! 이제 공부해야지.
- 칭찬 상황 : 할아버지의 속옷에 구멍이 났기에 하나 사 드렸다.

- 칭찬한 말 : 그냥 "할아버지 이거" 하면서 드렸다.
- 부모님의 반응 : 할아버지가 웃으시며 5,000원을 주셨다.
- 나의 생각 : 나 어렸을 때 할아버지가 되게 예뻐하셨다는데 난 할아버지를 너무 싫어했던 것 같다. 벌써 연세도 70인데 해 드린 게 너무 없다. 속옷 사 드린 건 정말 잘한 것 같다.

칭찬을 통해 가정의 행복을 일굴 수 있다는 가능성은 충분히 검증이 되었다. 이제 부모님이 주도해 보다 적극적이고 실천적인 칭찬 프로그램을 시도해 볼 필요가 있다.

칭찬에 반응하는 아이들의 모습을 살펴보는 것도 재미있는 일이다. 또 칭찬을 위해 아이들을 주의 깊게 관찰하다 보면 예상치 않은 기쁨도 곳곳에서 발견될 것이다. 큰아이와 다른 둘째 아이만의 느낌, 작년 다르고 올해 다른 아이의 신체조건, 읽는 책이며, 친구들과 나누는 대화, 학교에서의 관심사, 진로에 대한 고민까지, 아이들은 모든 것이 '신비의 세계' 다.

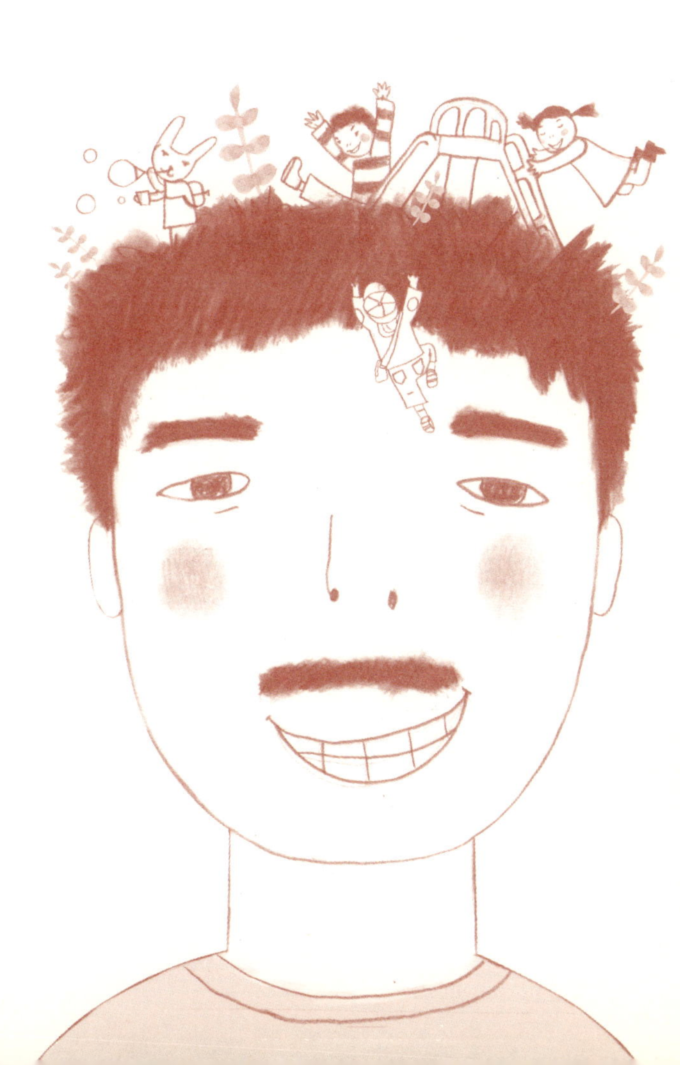

엄마 아빠, 이런 말은 이제 그만!

- 공부 좀 해라.
- 컴퓨터 좀 그만 해라.
- 방 좀 치워.
- 집안일 좀 도와라.
- TV 그만 보고 빨리 가서 자라.
- 집에 빨리 좀 들어와라.
- 동생이랑 싸우지 좀 마라.
- 나중에 커서 뭐가 될래?
- 이 놈아, 이것도 못 해!
- 넌 언제 크냐?
- 2학년이 되어서 그것도 못 해?
- 엄마 속 좀 썩이지 마라!
- 쓸데없는 얘기 하지 마라.
- 동생 공부 시켜라!
- 너 바보니? 다른 애들은 다 하는데 너는 못하니?
- 시끄러워!
- 나이 값 좀 해라.
- 머리 만질 시간에 영어 한자 더 보겠다.

- 자냐?

- 시험 언제라고 했지?

- 이 성적으로는 명문 학교 못 가.

- 빨래 돌려놔라.

- 동생들 잘 보고 있어.

- 쓸데없는 짓 하지 마라.

- 네가 형이니까 참아라.

- 정신 좀 차리고 살아.

- 여자가 칠칠맞긴!

- 돈 없어. 나중에 사줄게.

내가 듣고 싶은 말은 바로 이런 것!

- 너 때문에 산다.

  부모님이 날 믿고 있다고 생각될 때 행복해지고 공부도 열심히
  한다.

- 엄마는 너 믿는다!

  조금 부담되긴 하겠지만 기분이 아주 좋을 것 같다.

- 우리 아들은 세상에서 제일 멋진 놈이야!

  부족한 점은 많지만 다 덮어두고 그냥 멋지다고 칭찬해 주면
  기운이 날 것 같다.

- 사랑한다. 널 낳은 내가 자랑스럽구나.

  엄마가 나 때문에 행복하다는 느낌이 들면 정말 행복할 것 같다.

- 소신껏 책임을 다해 살아라.

  내가 책임질 수 있는 범위 내에서 하고 싶은 일을 하며 살고 싶다.

- 언니나 다른 사람하고 비교하지 않을게.

  다른 사람하고 비교당하는 것만큼 자존심 상하는 일은 없다.

- 공부 너무 열심히 하네, 좀 쉬엄쉬엄 해라!

  잠깐이라도 공부의 압박에서 벗어나고 싶다.

- 네가 갖고 싶은 거, 하고 싶은 거 있으면 다 말해!

  한 번쯤 이런 꿈같은 날이 왔으면 좋겠다.

- 용돈 줄까?

  이놈의 용돈은 넉넉할 날이 없다.

- 컴퓨터 계속 해라.

  설마 이런 날이 올까? 하지만 꿈꾸는 건 자유니까!

- 오늘 맛있는 것 해 놓을게.

  학교 갔다 오면 엄마가 맛있는 간식을 준비해 놓고 기다렸으면
  좋겠다.

- 아빠는 너를 믿으니깐 모든 일에 열심히 해라.

  부모님이 일일이 간섭하거나 챙겨 주지 않아도 잘 해낼 거라고
  믿어 주시면 좋겠다.

- 공부하랴 동생 돌보랴 힘들지?
  동생이 괴롭혀도 그냥 네가 참아, 나중에 혼내 줄게.

  동생 돌보는 건 너무 스트레스다. 얼마나 힘든지 알아주기나
  했으면 좋겠다.

우리 집 즐거운
칭찬 패밀리 만들기

칭찬의 위력은 실로 위대하다.

재미 삼아 장난처럼 시작한 칭찬 한마디가

상상 이상의 파장을 일으키며

가정의 분위기를 뒤바꿔 놓는 일은 그리 드문 일도 아니다.

아이가 내 양에 차지 않아도,

부모가 내 욕심을 모두 채워 주지 않아도

서로를 관심 있게 들여다보고 감사하는 마음으로 칭찬하다 보면

어느덧 집안 가득 웃음꽃이 피게 된다.

가족 간의 상처가 가장 아프다

사람은 사회적 동물이기 때문에 혼자서는 살 수 없다. 학교생활도 가정생활도 모두 사회라는 환경에서 이루어지기 때문에 나 좋은 대로만 살 수는 없다. 가정이나 학교에서 여러 사람이 부딪치며 살다 보면 타인으로부터 소외당하거나 거절을 당하는 일이 있을 수 있다. 또 실제로는 그런 일이 없더라도 개인이 받아들이기에 따라 얼마든지 상처가 생길 수 있다. 특히 사춘기 청소년들은 이 부분에 매우 민감하게 반응하며 심각하게 고민한다. 이 거절 감정을 다스리지 못해 친구들과의 사이가 나빠진다든지, 선생님께 버릇없이 행동을 한다든지, 학교생활에 적응하지 못하고 방황하는 아이들을 종종 보게 된다.

일찍부터 작은 실패의 경험 쌓아 줘야

거절 감정은 나를 파괴시키고 나아가 내가 속한 공동체를 파괴시킨다. 거절 감정을 다스리지 못하고 의지나 자존심에 상처를 입게 되면 정상적인 삶을 살기가 어려워진다. 특히 엄마들은 어려서부터 아이와 밀착 관계에 있기 때문에 매사의 언행에 주의를 기울여야 한다. 무심코 던진 부모의 말 한마디에 아이들은 마음속에 지울 수 없는 상처를 입기도 한다. 의식적이든 무의식적이든 어릴 때 각인된 사건들은 감정의 균형 있는 성장과 발달을 저해하게 된다.

거절 감정에 건강하게 적응하기 위해서는 어려서부터 모든 일에 직접 부딪히고 작은 실패의 경험들을 쌓으면서 스스로 극복하는 법을 익혀야 한다. 모든 일을 부모가 결정하고 거들어 주면 아이는 자생력이 없어지게 된다. 이런 아이들은 작은 자극에도 쉽게 움츠러들며 상처를 혼자서 회복하지 못하고, 작은 실패에도 좌절해 버린다. 가족간의 다양한 대화를 통해 아이에게 자신감을 심어 주고 스스로 선택하고 책임질 수 있는 힘을 길러 주어야 한다. 평생 부모가 곁에서 바람막이가 되어 줄 수는 없기 때문이다.

- 칭찬 상황 : 차안에서 아빠가 운전할때!
- 칭찬한 말 : 아빠 운전 너무 잘해요. 너무 안전해요.
- 부모님의 반응 : 시끄러워!
- 나의 생각 : 오늘 칭찬은 무안했다.

- 칭찬 상황 : 학교가 끝나고 집에 갔다.
- 칭찬한 말 : "다녀왔습니다"하면서 엄마를 안아 드렸다.
- 부모님의 반응 : 너 왜 이래? 무슨 사고 쳤니?
- 나의 생각 : 흥이다!! 엄마가 그럴 줄이야⋯⋯. 실망이다.

- 칭찬 상황 : 동생과 방에서 체조하고 몸무게를 재 보았다.
- 칭찬한 말 : 너 꽤 날씬해졌는데? 정말! 웬일이야?
- 부모님의 반응 : 짜증난다고! 닥쳐!
- 나의 생각 : 칭찬 해준 건데 왜 욕하는 건지⋯⋯. 좀 슬펐다.

아이들이 말을 할 때 잘 들어주지 않고 딱 잘라서 거절하거나 무안을 주는 일, 심지어 때리는 일은 아이의 자존감에 상처를 입고 거절 감정을 부추기게 된다. "형이니까 네가 참아라", "넌 도대체 누나가 돼 갖고서 왜 그러니?" 하면서 편애를 느끼게 하거나 성적인 차별을 느끼게 한다면 아이들은 마음에 분노를 품게 되거나 거절 감정에 휩싸이게 되는 것이다. 순간적으로 실망해서 무심결에 내뱉는 말들이 아이들의 내면 깊이 기억되어 아픔으로 자리 잡고 있음을 보게 된다.

거절 감정이 쌓이게 되면 성격 형성이나 인성 발달에 장애가 나타날 수 있다. 까닭 없이 두려워하게 되고, 외로움을 자주 느끼고, 작은 일에도 슬픔을 느끼거나 열등감에 사로잡히게 된다. 또 자기중심적이거나 완벽주의적 성향을 띠며, 공격적이고 반항적인 모습을 자주 드러낸다.

칭찬거리를 찾는 눈 만들기

거절 감정은 대체로 자기와 가장 가까운 사람들로부터 받는 경우가 대부분이다. 함께 사는 가족들, 친하게 지내던 친구들, 좋아하는 선생님, 남몰래 마음에 두고 있던 이성 친구 등이 주요 대상이다. 특히 가정 내에서 발생한 거절 감정은 아이들의 정서를 근본적으로 뒤흔들어 놓기 때문에 치명적이라 할 수 있다.

이들에게서 받은 거절 감정의 쓰디쓴 뿌리를 뽑기 위해서는 거절 감정의 가해자들에 대한 용서가 이루어져야 하고, 용서하기 위해서는 상대방에 대한 이해가 선행되어야 한다. 자신의 노력 여하에 따라 거절 감정의 굴레를 벗어버릴 수 있는 것 또한 그것이 가까운 사람들과의 관계에서 발생하는 일이기 때문이다. 가까이서 항상 그들에 관찰하다 보면 이해의 길을 찾을 수 있고,

노력이 쌓이다 보면 거절 감정을 치유할 수 있는 것이다.

- 칭찬 상황 : 내일이 컴퓨터 시험인데 놀고만 있으니 아빠가 한
  심하다는 듯 쳐다보신다.
- 칭찬한 말 : 아빠, 걱정 마. 예쁜 딸이 자격증 꼭 따올 거 알잖
  아. 사랑해!
- 부모님의 반응 : 제발 따오기만 해라. 몇 번째 시험이냐!
- 나의 생각 : 요즈음 아빠와 말을 자주 하는 것 같다. 다 칭찬일
  기 덕분이다.

- 칭찬 상황 : 아빠한테 대들어서 맞았는데 엄마가 나의 편을 들
  어주실 때.
- 칭찬한 말 : 엄마, 내 편 들어줘서 고마워요.
- 부모님의 반응 : 아프지는 않니?
- 나의 생각 : 너무 슬프다. 그래도 엄마가 이렇게 나를 생각해
  줄지는 몰랐다. 부모님께 대들지 말아야겠다.

　　나에게 아픔을 주는 사람들을 어떻게 이해할 수 있을까? 최고
의 방법은 그들을 칭찬하는 것이다. 숙제처럼, 의무감을 가지고
라도 칭찬해 보는 것이다. 용기를 가지고 억지로라도 칭찬하려
고 노력하는 것이다. 칭찬은 이 세상에서 살아가는 모든 사람들
에게 내려진 하늘의 명령이며, 이 아름다운 세상에서 살아가는

211

인간의 당연한 본분이다.

학교에서 수행하는 부모님 칭찬하기에는 조건이 없다. 부모님의 모습이나 가정환경 등 모든 조건을 무시하고 무조건 부모님을 칭찬하는 것이다. 칭찬할 만한 조건이 아닌데도 그 상황을 돌이켜 칭찬하는 것이다. 처음엔 막막한 표정을 짓는 아이들이 많았지만, 실행해 보면서 우리는 이런 일은 결코 불가능하지 않다는 것을 배웠다. 사막에 샘물이 솟아 마른 목을 축이듯, 어려운 상황 속에서 나온 칭찬 한마디는 위기의 가정을 구하는 힘을 발휘하는 것이다.

배우고 익히는 칭찬의 마법

아무리 한 가족이라고 해도 한 집에 여러 사람이 모여 살다 보면 의견이 맞지 않아서 서로 충돌을 일으키고 다투는 경우가 있다. 가족간의 트러블, 서로 성격이 맞지 않아서 생기는 일이니 어쩔 수 없이 견디며 살아야 하는 것일까? 하지만 가장 가까이서 날마다 얼굴을 봐야 하는 관계에서 껄끄러운 채 살아갈 수는 없다. 이때 필요한 것이 바로 상호간의 이해 증진이다. 상대를 이해하고 서로의 차이를 받아들이게 되면 배려와 양보가 이어질 수밖에 없다. 배려와 양보로 대하는 관계에서 충돌이란 있을 수 없다. 가족들의 말을 한 번 더 생각해 새겨듣고 내 말을 할 때도 한

213

번 더 생각해 정화함으로써 상대방에 대한 여유와 긍정적인 태도를 가지게 되는 것이다.

어설프지만 뜻 깊은 시도들

학생들은 칭찬일기를 쓰기 위해 부모님을 끊임없이 관찰해야 했고, 그 과정에서 부모님의 인간적인 면, 약한 면 등을 보게 되었을 뿐만 아니라 장점도 발견하게 되었다. 칭찬하기 위해서는 끊임없이 부모님께 관심을 가져야 한다는 것이 아이들을 바꾸고 가정을 바꾸는 동기로 작용하고 있다.

- 칭찬의 상황 : 할머니께서 주무신다.
- 칭찬한 말 : 할머니 잠자는 거 축하해.
- 할머니의 반응 : 이년아, 너 때문에 깼잖아!
- 나의 생각 : 내버려두자.

- 칭찬의 상황 : 밥 먹을 때.
- 칭찬한 말 : 엄마가 요리한 것 너무 맛있어.
- 부모님의 반응 : (있는대로 노려보시더니) 언제는 계모라며!
- 나의 생각 : 음식은 맛있었는데 반응은 맛이 없다!

- 칭찬의 상황 : 만화책을 보고 있는데도 엄마가 혼내지 않는다.
- 칭찬한 말 : 절 자유롭게 키워 주셔서 감사합니다.

- 부모님의 반응 : 얘가 어려운 말하네. 어디 아프냐?
- 나의 생각 : 내가 생각해도 내 수준에 안 맞는 말이었다.

칭찬에도 학습이 필요하다. 다른 모든 일과 마찬가지로, 칭찬 역시 처음에는 입에 익지 않고 귀에 익지 않아 어색할 수밖에 없다. 더욱이 부모님을 칭찬한다는 것은 얼마나 부담스러운 일인가? 하는 아이들도, 듣는 부모님도 어색하기 짝이 없다. 아이들 스스로도 '닭살' 돋아 하고 어른들도 "쟤가 갑자기 왜 저러나" 한다. 이런 현상은 대부분의 가정에서 비슷하게 일어난다. 또 뭘 칭찬해야 할지 몰라 망설이는 경우도 많다. 평범한 일상이 반복되다 보니 그 속에서 칭찬거리를 찾아낸다는 것이 쉽지 않을 뿐더러, 늘 하던 일에 갑자기 칭찬을 한다는 것도 쑥스러운 것이다. 하지만 칭찬하려고 마음만 먹으면 칭찬거리는 얼마든지 있다. 마음을 부드럽게 갖고 관심 있게 지켜보면 말 한마디 한마디, 행동 하나하나가 모두 칭찬거리로 보이게 된다.

- 칭찬 상황 : 아침에 바쁘다고 하니까 엄마가 직접 샌드위치를 만들어 주셨다.
- 칭찬한 말 : 샌드위치도 만들어 주고…… 엄마, 감사!
- 부모님의 반응 : 어리둥절한 모습으로 "네가 웬일이냐? 그렇게 좋으면 아침마다 해줄게."

- 나의 생각 : 칭찬을 하니까 나한테 많은 이득이 오는 것 같다.

- 칭찬 상황 : 학교에서 야영이 끝나고 돌아와 보니 엄마 아빠가 심하게 싸우셨다.
- 칭찬한 말 : 엄마, 엄마는 아빠보다 착하고 이해심이 넓으니까 그냥 이해하고 넘어가.
- 부모님의 반응 : 우리 딸을 봐서 내가 참아야지.
- 나의 생각 : 예전에는 내 말이 엄마에게 별 영향력이 없었는데, 이제는 내 칭찬의 말들이 싸움에서 사랑으로 바뀌는 매개가 되는 것 같아 기분 좋다.

부부의 행복을 만드는 칭찬

행복한 부부가 되기 위해서 남편은 아내를 칭찬하고, 아내는 남편을 칭찬해야 한다. 그렇게 얼마간의 시간이 흐르면 아내는 전보다 훨씬 더 현숙한 여인이 될 것이고, 남편은 존경스러운 가장이 될 것이다. 남편이 직장에서 능력 있는 인재로 대접받고 살아가기를 원한다면 칭찬해야 한다. 아내의 칭찬이 보약이 되고 거름이 되어서 능력 있는 남편으로 변화시켜 줄 것이다. 남편에게 꼭 고치고 싶은 단점이 있다면, 그 문제를 지적해서 고치려 하지 말고 차라리 상반되는 장점을 하나 찾아서 칭찬해 주는 것이 낫다. 잔소리를 아무리 많이 한다 한들 단점을 고치기는 쉽지 않지만, 칭찬에는 약점까지도 장점으로 바꾸어 주는 힘이 내재되어 있다. 칭찬으로 남편을 세우는 아내야말로 정말 현명하고 지혜로운 아내인 것이다.

행복한 부부가 되기 위해서는 서로 칭찬을 많이 해야 한다. 칭찬에 인색한 부부에게서는 행복한 모습을 찾아내기가 쉽지 않다. 칭찬은 아내에게 기쁨을 주고 남편에게는 삶의 용기를 준다. "당신이 최고예요"라는 아내의 칭찬 한마디가 남편을 신바람 나게 하고, "당신 참 멋있어요"라는 말 한마디가 남편을 능력 있는 사람으로 성장하게 한다.

아내에 대해서도 마찬가지다. 아내가 하는 사소한 집안일들을 당연하게 여기고 그렇게까지 호들갑 떨 필요가 있을까 하겠지만 생활 속의 작은 칭찬이 아내를 행복하게 하고 삶의 보람을 일깨워 준다. 하지만 우리 남편들은 아내에게 칭찬하는 것을 쑥스러워 한다. 왠지 남자답지 못한 행동인 것만 같아 부끄러워한다. 아내를 칭찬하는 것은 결코 부끄러운 일도, 남자답지 못한 일도 아니다. 다른 사람 앞에서 아내를 자랑스럽고 당당하게 칭찬할 수 있는 남편이 되어야 한다. 아내나 남편을 너무 자랑하는 것도 잘못된 일이지만, 조금만 신경 써서 칭찬을 한다면 삶의 어려운 위기들을 여유 있게 극복해 나갈 수 있는 힘이 길러진다.

하지만 참 많은 아내와 남편들이 잘하는 것도 없는데 무얼 칭찬하느냐고 불평한다. 그러나 관심을 갖고 관찰해 보면 누구에게나 칭찬거리는 반드시 있게 마련이고, 칭찬이란 꼭 잘하기 때문에 해주는 것이 아니라 잘하도록 격려하기 위한 것이기도 하다. 칭찬의 말 속에는 창조하는 힘이 있고 변화시키는 힘이 있기 때문이다. 칭찬의 말 속에는 무너진 인격과 가정과 사회를 회복시키는 힘이 들어 있다. 나아가 아주 작은 삶의 변화가 세상 전체를 움직이는 동력이 된다. 서로에게 칭찬을 나눌 수 있는 여유가 우리의 사회를 아름답고 너그럽게 만들어 준다.

부모와 자녀가 눈높이를 맞추려면

개인의 삶을 받치고 있는 가운데 기둥이 바로 가정이다. 이 가정이라는 기둥이 무너지면 내 삶만 무너지는 것이 아니라 내가 속한 사회조직도 위험해진다. 하지만 공기나 물처럼, 우리의 삶 속에서 늘 함께하기에 그 소중함을 잊고 살기 쉬운 것이 바로 가정이다. 그렇다면 가정의 행복은 어디에서 오는가? 많은 사람들이 행복의 요체가 돈이나 아이들의 성적에 있다고 생각하며 살아가고 있다. 공부를 잘해서 좋은 대학에 가고 좋은 직장을 얻고 돈도 많이 벌어야 행복이 만들어질 것이라고 생각하는 것이다.

그러나 돈이나 학업적 성취는 행복을 구성하는 아주 작은 요소에 불과하다. 가정의 행복을 구성하는 가장 큰 요소는 부부가 서로 사랑하고, 자녀가 부모를 믿고 따르는 것, 부모가 자녀를 사랑으로 다스리며 아이의 개성을 인정해 주는 것처럼 서로의 원만한 관계에 있다. 서로 아끼고 양보하며 마음을 나누는 순간들이 모여 사람이 풍성하고 충만해지는 것이다. 가족들 간의 인간관계를 사랑과 책임의 관계로 만드는 것이 가정 회복의 목표이기도 하다. 그러면 가정에 담겨진 삶의 풍성함을 얻기 위해서 우리가 해야 할 것이 무엇인가? 가정 회복의 출발은 나를 분석하고, 부모를 분석하고, 나를 용서하고, 부모를 용서하는 데서 시작된다.

- 칭찬 상황 : 내가 정리를 잘 못한다고 엄마가 꾸짖으셨다.
- 칭찬한 말 : 엄마 잔소리는 듣기도 좋아.
- 부모님의 반응 : 그 말 할 시간에 치우겠다.
- 나의 생각 : 이젠 좀더 잘 치우고, 말도 안 되는 칭찬은 하지 말아야지.

- 칭찬 상황 : 엄마가 아침에 날 깨우느라 잠을 잘 못 잤다.
- 칭찬한 말 : 엄마, 나 땜에 고생해서 미안. 역시 엄마가 최고야!
- 부모님의 반응 : 엄만 좀더 잔다. 너 깨웠으니깐 또 자지 마!
- 나의 생각 : 그런데 다시 잠들고 말았다. 엄마의 보람도 없이……

양육을 책임지고 있는 부모 입장에서 보면 아이의 하는 꼴이 영 시원치가 않다. 부모는 나름대로 기준을 제시하며 충고도 하고 좋은 말로 타이르기도 하지만 아이들 입장에서는 부모의 뜻을 그대로 따른다는 게 쉽지 않은 일이다. 부모의 조언들이 한결같이 맞는 애긴 줄은 알지만 부모를 만족시킬 자신이 없다 보니 인정하고 싶지 않은 것이다. 하지만 아이들은 부모님들이 대단하다고 생각한다. 자기는 정말 못할 것 같은 일들을 부모님들은 척척 해내시니까 말이다. 그래서 아이들은 부모님 앞에 서면 더욱더 작아지고 자신이 초라해 보여 어떤 충고나 질책에도 할말이 없다고 한다. 그러다 보니 한시라도 빨리 난처한 상황을 모면하려고 대충 대답해 버리고는, 우울한 상황을 바꿔 보려 다른 데로 눈을 돌리는 것이다.

한 박자만 늦추고 여유를 갖자

대부분의 부모들이 아이들에게 용돈을 주면서 행복해 한다. 부모의 사명을 잘 완수하고 있다는 생각에 자신이 대견해서다. 용돈을 주는 아빠의 자신감 넘치는 얼굴과 힘 들어간 어깨를 우리 아이들은 좋아한다. 늘 그렇게 당당하고 자신감 있게 살아가는 부모님의 모습만 보면 좋겠다는 것이 우리 아이들의 생각이다.

또 아이의 성적이 조금이라도 올라가면 부모들은 입이 귀에 걸린다. 아이 자신보다도 더 좋아한다. 그런 날이면 으레 삼겹살 집으로 외식을 나가거나 치킨이나 피자를 시켜 준다. 이럴 때 아이들은 자기 자신에 대해 흐뭇해하면서도 성적 좀 오른 것이 이렇게 가족들을 행복하게 만드는 대단한 일인가 고개를 갸웃거린다. 하지만 반대로 성적이 조금 떨어지면 부모의 얼굴은 무섭게 돌변한다.

우리 아이들은 부모가 생각하는 것보다 훨씬 힘들게 지낸다. 하루 종일 딱딱한 의자에 앉아 지루하게 반복되는 수업을 들어야 하고, 친구들과 경쟁해야 하고, 선생님의 압력 때문에 스트레스를 받는다. 학교는 학교대로 시험이 이어지고 학원은 또 학원대로 시험과 과제가 이어진다. 아이들은 무거운 책가방에 시달리고 등하교길 버스 안에서 시달린다. 밤이 늦어서야 고단한 몸을 이끌고 들어오지만 바로 잠자리를 찾아들지도 못한다.

부모들이 조금만 여유를 가지면, 급한 마음을 가누고 한 박자만 늦추면 아이의 마음을 따뜻하게 위로해 줄 수 있다. 어차피 1차 결승선이 대학 입시라면 한두 해 공부로 끝날 일이 아니기 때문이다. 적어도 중학교 3년, 고등학교 3년, 아이들은 온갖 호기심으로 들끓는 질풍노도의 시기 6년을 고스란히 공부에 바쳐야 한다. 너무 급히 몰아가면 제풀에 꺾여 넘어지는 수가 있다는 것을 기억하고, 아이의 기분과 컨디션을 고려하며 당근과 채찍을 적절히 사용할 줄 알아야겠다.

- 칭찬상황 : 학원을 하루 쉬고 싶어서 집에서 공부하겠다고 했다.
- 칭찬한 말 : 엄마, 날 믿고 내 자율에 맡겨 주셔서 고맙습니다.
- 부모님의 반응 : 엄마는 우리 아들 믿어.
- 나의 생각 : 가끔 이럴 때도 있어야지. 엄마가 날 믿어 주어서 세상을 살아가는 재미가 더해진다.

- 칭찬 상황 : 백화점에서 쇼핑을 하는데, 아빠가 내 의견을 들어 주셨다.
- 칭찬한 말 : 저의 의견을 존중해주시는 아빠가 자랑스러워요.
- 부모님의 반응 : 어서 아무거나 골라 봐라.
- 나의 생각 : 칭찬이기 때문인지 가족들이 전부 달라 보인다.

- 칭찬 상황 : 엄마가 친구와 다툰 얘기를 하시는데, 엄마가 정당했던 부분에 맞장구를 쳤다.
- 칭찬한 말 : "엄마, 잘하셨어요. 그럴 땐 참으면 안 되죠."
- 부모님의 반응 : 좋아하신다.
- 나의 생각 : 언제까지나 엄마의 말동무가 되어 드리고 싶다.

225

칭찬이 시작되었다면 이미 행복이 집 현관 안에 들어선 것이다. 아무리 사소한 칭찬이라 하더라도 쓰레기통에 버려질 칭찬의 말은 없다. 칭찬은 상대방에게 관심을 가지고 있고 상대방을 소중히 여기고 있다는 메시지를 담아 선물하는 것이기 때문이다.

엄마노릇보다 어려운 아빠노릇

아버지들은 아무래도 어머니들에 비해 아이들과의 접촉이 적다 보니 '아빠노릇'을 할 기회가 적다. 게다가 아버지 자신은 물론, 어머니나 아이들도 그저 '돈이나 잘 벌어 오면 좋은 아빠'인 것으로 여기는 경우가 많다. 직장일이 바빠서, 경제적인 여유가 없어서, 자아실현이라는 목표를 향해 달리며 열심히 산다는 것이 그만 아이들에게 엄청난 희생을 강요하고 있다는 것을 모르는 것이다. 모든 아이들은 태어나면서부터 부모의 보살핌과 관심을 받을 자격을 부여받고 있음을 순간순간 망각하는 것이다.

학교에서 아이들에게 문제가 생겨 부모들과 상담을 하다 보면 가끔 놀랄 때가 있다. 아이가 자라면서 말썽 한 번 부린 적 없고, 그동안 부모 말도 잘 따라 주었다, 경제적으로도 부족함 없이, 저 원하는 것이면 무엇이든 다 해주었는데, 갑자기 '친구를 잘못 사귀더니' 이상해졌다는 것이다. 이런 부모들은 정작 아이들이 필요로 하고 원하는 것이 무엇인지, 아이가 성장 단계별로 요구하는 것이 무엇인지 모르는 것이다. 그저 해 달라는 대로 다 해주고 말썽 없이 자라 주면 모든 것이 잘 되어 가고 있다고 생각한다.

그러나 아이들에겐 그들만의 세계가 있다. 집안에서 보는 우리 아이의 모습이 학교나 학원에서도 똑같을 것이라고 생각하면 크게 잘못 생각한 것이다. 부모는 자식을 낳고 기르는 동안 누구보다도 자식을 잘 안다고 자부하겠지만, 대부분의 시간을 학교에서 친구들과 보내는 아이들은 부모가 훤히 알던 그때와는 사뭇 달라져 있는 것이 사실이다. 또한 이 시기의 아이들은 사춘기를 거치면서 심리적으로나 정서적으로 부쩍 성장하게 된다. 아이들은 이제 자신의 입장이나 부모님의 상황을 객관적으로 볼 줄도 알고, 나름대로 자신의 미래를 위해 고민하기도 한다. 이 과정에서 아이들이 달라지는 것은 어찌 보면 당연한 일이다. 아이들은 이제 더 이상 그저 말 잘 듣고 순종적인 '아이' 가 아닌 것이다. 하지만 부모는 아직까지 아이의 성장과 변화를 따라가지 못하고 있는 것이 문제다.

이 시기를 통해 아이들은 사회적으로 성숙해 가며 친구나 선생님과의 관계 형성을 통해 폭넓은 대인관계를 준비한다. 또한 여러 가지 감정에 대한 대처법이나 문제 해결법 등을 몸에 익히며 보다 완성도 높은 인간으로 변화되어 간다. 이럴 때 무분별하게 좋은 것만 떠다 안기면 오히려 역효과만 날 뿐이다. 아이가 건전하고 건강하게 성장하기 바란다면 절제도 가르쳐야 하고, 좌절을 극복하는 지혜나 참을성도 가르쳐야 한다. 가족이나 친구를 위해 양보하는 미덕도 가르쳐야 하고, 친구들과 화합할 줄 아는 동료의식도 가르쳐야 한다. 부모가 고민하고 갈등하며 공부해야 하는 이유가 바로 여기에 있다. 마음 가는 대로, 능력 닿는 대로, 잘해 주는 것만이 능사가 아닌 것이다.

함께하는 시간 속에서 공감대 형성

부모 노릇을 잘 하려면 부모의 이상과 아이의 현실을 잘 점검해 보아야 한다. 사람은 모름지기 목표를 높게 세우고 살아야 한다는 생각 때문에 부모의 위치에서 아이의 목표를 세워 주고 밀어붙인다. 부모 자신의 만족감을 위해 아이들에게 경제적 지원을 퍼붓는 경우도 적지 않다. 하지만 그 와중에 정작 아이들을 숨이 가빠 헐떡이고 있는 것은 아닌지 살펴보지 않는다.

거실에 초대형 TV를 들여다 놓고 유혹에 약한 아이들을 공부방으로 밀어 넣는 것은 분명 모순된 행동이다. 차라리 TV를 치우고 그 시간을 아이와 함께 보내는 것이 부모나 아이 모두에게 좋다. 그렇잖아도 공부에 쫓겨 시간이 없는 아이들의 숨통을 조여서는 안 된다. 작으나마 시간을 내 함께 운동을 하고 책을 읽고 이야기하면서 서로에 대한 이해를 넓혀야 한다. 영어도 수학도 모두 그 다음이다. 부모와 자식이 서로 공감하지 못하고 서로의 욕구를 외면한다면 제아무리 멋진 성취를 얻었다 하더라도 그것은 이내 빛이 바래고 말 것이다.

정말이지 부모의 역할이란 만만한 것이 아니다. 아이들은 상전도 아니고 소유물도 아니기 때문에 너무 양보만 할 수도 없고 또 함부로 할 수도 없다. 그래서 좋은 부모가 되기 위해서는 배우고 노력해야 한다. 인생의 가장 큰 일이 자녀 교육일진대, 자녀 교육에 실패한 부모의 성공이 무슨 의미가 있겠는가? 모든 부모들이 자녀 교육에 관하여 끊임없이 반성하고 배우고 적용하며, 스스로 채찍질하며 살아가는 날이 오기를 고대해 본다.

233

꾸지람에도 기술이 필요하다

부모들은 자녀를 교육하기 위해 끊임없이 지적과 꾸중을 하지만 결코 자녀를 변화시키지 못한다. 하지만 자녀의 칭찬 한마디가 부모의 삶을 바꾸고 부모를 통해 자녀의 삶을 바꿔 놓는 놀라운 경험을 하게 된다.

엄마가 전화 통화 하실 때 "엄마 목소리, 나이에 비해 정말 예쁘네"하고 말했더니, "다들 그러더라. 얘, 엄마 목소리가 깍쟁이 같대"하며 정말 기분 좋아하신다. 지금껏 한 칭찬 중에 이번 칭찬이 제일 성공적이다.

애들 키우느라 나를 잊어버리고 살고 있었는데 나에게도 남이 인정해 주는 자랑거리가 있고 그것을 사랑하는 아이가 칭찬해 주면 얼마나 기분이 좋겠는가. 이 어머니 역시 마찬가지다. 목소리 예쁘다는 한마디 칭찬에 기분이 완전히 바뀌었을 것이다. 그 날부터 더 상냥한 목소리로 말하고 있을 어머니의 모습이 상상이 간다.

말 한마디로 만드는 인생역전

칭찬 수업을 하다 보면 오랫동안 거의 대화가 없이 살면서도 무심코 살아 왔는데 가족간의 작은 관심으로 시작된 칭찬 한마디가 서로의 가슴을 열어 주고 웃을 수 있는 여유를 되찾아 주었다는 부모를 종종 만날 수 있다. 아이들 또한 처음에는 하기 싫은 걸 수행평가 때문에 어쩔 수 없이 했지만 수행 과제가 끝날 무렵이 되어서는 부모님과의 사이가 가까워지고 대화가 늘어난 것에 대해 감사하고 있다. 인생 역전은 로또에만 있는 게 아니라 '칭찬'이라는 작은 말 한마디 속에도 있다. 자녀가 던진 위로의 말 한마디가 힘들게 살아 온 지난 고생을 다 잊어버리게 하고 의미 있는 삶으로 방향을 전환하게 만든다. 칭찬에는 이렇듯 가정을 살리는 힘이 있다.

- 칭찬 상황 : 비가 많이 왔는데, 버스 정류장에 엄마가 나와 1시 간째 기다리고 계셨다.
- 칭찬한 말 : 엄마, 바쁘신데 일부러 절 데리러 와주시다니, 너무 고마워요.
- 부모님의 반응 : 자식 지키는 것보다 바쁜 일이 어디 있겠냐? 자, 얼른 들어가자.
- 나의 생각 : 그때 엄마가 했던 말……내 가슴 속에 박혔다.

많은 사람들이 내가 뭔가 잘해서 다른 사람으로부터 칭찬받을 생각만 하지 다른 사람 잘하는 것을 보고 칭찬해야겠다는 생각은 잘 하지 못한다. 부모는 언제나 강하고 든든하지만 옆에서 귀찮게 하는 잔소리꾼으로 생각하며 살기 때문에, 특별히 감사할 일이 있을 때나 표현하지, 보통 때는 그저 그렇게 별 생각 없이 살아가기 쉽다. 또 아이들이 점점 커 가면서 대화의 양도 줄어들고, 각자의 일 때문에 한집에 살면서도 얼굴 볼 일이 적어지다 보니 서로에 대한 이해의 폭이 점점 좁아지고, 사소한 일에도 금방 화를 내고 싸우게 된다. 그런데 부모님을 칭찬하다 보니 부모님도 한없이 약하고 자녀의 작은 표현에 감동하는 여린 감성을 갖고 있으며 작은 칭찬에도 크게 보람을 느끼는 것을 알게 된다.

우리는 가까운 사람에게보다는 어렵거나 거리감이 있는 사람들에게 좀더 신중하고 예의바르게 행동하는 경향이 있다. 자식을 자신의 소유물로 보지 않고 하나의 독립된 인격체로 대할 때, 가정이라는 공동체에서 가족이라는 생생한 향기가 뿜어 나오는 것이다. 한 번도 부모님을 칭찬해 보지 않았던 학생들이 용기를 내 부모님을 칭찬하고 보니 부모님의 반응과 변화에 감사와 행복을 느꼈다고 말한다.

- 칭찬 상황 : 엄마와 함께 어렸을 때 내 사진을 보다가.
- 칭찬한 말 : 엄마, 제가 지금까지 이렇게 잘 자랄 수 있도록 해 주신 것 정말 감사해요.
- 부모님의 반응 : 그래! 엄마가 너 키우느라고 얼마나 고생했는지 아니? 하지만 이렇게 잘 자라 준 걸 보면 엄마는 정말 기쁘단다.
- 나의 생각 : 요즘 내가 칭찬을 많이 하니까 엄마도 예전의 그 태도가 아닌 것 같다. 정말 칭찬이란 사람들 모두를 변화시킨다.

칭찬과 꾸중의 공통점과 차이점

내가 학교에서 아이들을 가르치면서 실천하는 칭찬 방법은, 쉽게 말하면, 아이들의 말을 들어주고 맞장구를 쳐주고 아이들이 힘들어할 때 이해하고 격려해 주는 것들이다. 이처럼 부모님들도 아이들의 잘못을 지적하고 꾸중할 때 직접적으로 나무라지 말고 칭찬하는 방식을 사용하면 보다 긍정적인 효과를 거둘 수 있다.

- 칭찬 상황 : 언니하고 내가 싸워서 분위기가 엄청 험악했는데 아빠가 웃겨 주셨다.
- 칭찬한 말 : 아빠, 힘드신데 우리들에게…… 감사해요. 언니, 화해하자!
- 부모님의 반응 : 방긋 웃으시고 다음부터 싸우지 말라고 하셨다.
- 나의 생각 : 이제 언니와 싸우지 말아야겠다.

아이들의 행동이 올바르지 못할 경우 그 잘못된 행동을 꾸짖되, 모르고 한 일인지 알고도 한 일인지 구분하여 꾸짖고, 잘못된 행동만을 구체적으로 지적하고 부모의 감정을 분명히 말해 준다. 그리고 잠시 감정을 가라앉히고 아이를 껴안아 주는 등의 사랑을 표시한다. 이렇게 하면 아이의 행동은 잘못됐지만 사람이 미워서 야단친 것은 아니라는 점을 분명히 밝히게 되고, 아이 자체는 착하고 사랑받고 있다는 암시를 주게 된다. 특히 훈계할 때는 잘못한 사실 자체만을 있는 그대로 표현해야지, 다른 사람과 비교하거나 과거의 다른 유사한 일과 연관시키거나 부모의 감정이 섞여 있는 표현으로 아이의 감정을 자극해서는 안 된다.

내 자식에게도 지켜야 할 예의가 있다

자녀 교육에 대해서는 다양한 교육 방법과 교육철학이 산재해 있다. 그러나 가정마다 상황이 다르고 아이마다 개성이 다르다 보니 어떤 방법이 옳고 어떤 철학이 그르다고 꼬집어 말하기란 그리 쉬운 일이 아니다. 다만 20여 년간 교육 현장에서 아이들을 접하면서 느끼고 배운 몇 가지 공통된 원칙은 있다. 그 중에서도 가장 기본이 되는 중요한 원칙 하나는 아이들은 아직 미숙할 뿐, 한 사람으로서 완전히 독립된 인격체라는 것이다.

아이들에겐 그 나이에 맞는 논리가 있고 원칙이 있다. 부모나 교사에게 손 내밀어 도움을 청하면 성의껏 듣고 도와주면 그뿐,

239

너무 앞질러 나가도 너무 무심히 뒤쳐져서도 안 된다. 아무리 부모라고 해도 아이의 인생을 대신 살아 줄 수는 없기에, 그저 아이들을 인생의 동반자로 여기고 애정과 믿음을 가지고 지켜보며 함께 가는 것이다.

다음은 교사로서의 20여 년 경험과 칭찬 활동을 통해 정리해 본 10가지 교육 원칙이다. 가정 내에서 실천하기에도 그리 어려운 것이 없다. 모든 것이 부모가 마음먹기에 달려 있다고 생각하고 실천해 보자.

1. 자녀가 성장함에 따라 부모의 눈높이도 변해야 한다

아이가 청소년기에 접어들면 무조건 부모 말을 따르게 하기보다는 먼저 아이의 이야기를 들어보고 부모의 입장을 이해시켜 서로 존중하는 관계를 유지해 가야 한다. 자녀는 부모의 소유물이 아니다. "내가 낳은 자식인데, 부모인 내가 마음대로 못하다니 말도 안 되는 소리 하지 마세요. 다 내 새끼 잘되라고 하는 것이지, 세상에 자식 못되게 하는 부모가 어디 있겠어요?" 하는 생각을 지닌 부모가 의외로 많다. 내가 낳은 자식은 곧 나의 것이라는 '자식 소유권'을 주장하는 것이다. 얼핏 들으면 맞는 말 같기도 하지만, 이는 단단히 오해하고 있는 것이고, 차후 대단히 심각한 문제로 연결된다.

자식이 성년이 되면서 부모의 통제를 벗어나면 "내가 어떻게 가르치고 길렀는데……. 내 자식 내 마음대로 안 된다"는 한탄이 나오게 되고, "자식 없는 셈 치자"는 탄식을 하게 된다. 제아무리 효자 효녀라도 부모의 뜻을 100퍼센트 채워 주는 자식은 없다. 또 부모는 자식을 떠나보내기 위해 키운다고 해도 과언이 아니다. 자녀가 자기만의 세계를 찾아 당당히 떠날 수 있도록 그 힘을 길러 주는 것이 바로 부모의 권리이자 의무다. 자녀는 하늘이 잠깐 동안 우리에게 맡긴 선물인 것이다.

2. 벌을 줄 때는 현재의 잘못된 행동 자체에만 국한한다

아이가 잘못을 하면 마땅한 벌을 주어야 하지만, 앞에서도 잠깐 언급했듯이, 잘못된 행동 하나 때문에 인격을 모독하거나 자존감을 무시하는 말을 해서는 안 된다. 대부분의 아이들은 잘못을 저질렀을 때 바로 자신의 잘못을 알아챈다. 하지만 되돌릴 길은 없고, 부모님이나 선생님께 혼날 생각에 몸과 마음이 움츠러든다. 그러다 보니 잘못을 숨기게 되고 채근해 물어도 우물쭈물 대답하지 못하는 것이다.

이럴 때 필요 이상으로 윽박지르고 기분 나쁜 말을 퍼부으면 아이의 마음속에서 꿈틀대고 있던 미안함은 사라지고 반항심이 고개를 들게 된다. 잘못된 부분을 정확하게 짚어서 엄격히 꾸짖어야지 "너 때문에 미치겠다" 하는 식으로 짜증을 내거나 "네가 하는 일이 다 그렇지" 하는 식으로 비아냥거리는 것은 어른답지 못한 행동이다. 아이를 꾸짖을 때는 엄격하고 단호하게, 그러면서도 짧게 끝내야 한다. 혹시 내가 아이에게 짜증을 내거나 화를 내고 있지는 않은지, 수시로 되돌아보면서 꾸짖어야 한다.

3. 따뜻한 말로 아이를 든든히 받쳐 주어야 한다

이 지구상에 사는 수십억 명의 얼굴이 다 다르고, 하늘에서 내리는 눈의 결정체가 모두 다르고, 살짝 얼려서 찍은 물의 결정체 역시 모두가 다른 모습을 띠고 있다고 한다. 똑같은 조건의 두 식물에게 각각 칭찬의 말과 저주의 말을 했을 때 칭찬을 받은 쪽은 잘 자라고 저주의 말을 들은 쪽은 죽어 버리는 것이 많은 실험을 통해 증명되었다.

마찬가지로 물도 칭찬과 저주에 반응하고 표정을 나타낸다. '사랑한다'는 말에 영롱한 육각형의 형태를 나타내고, '바보 멍청이'라는 말에 형체를 알 수 없을 정도로 일그러진 결정을 나타냈으며, 이별의 노래를 들려주자 물들이 마치 이별이라도 하는

242

듯한 형태로 나누어지는 결정을 띠었다고 한다. 선인장처럼 수분 함유량이 높은 식물이 인간의 텔레파시에 민감하게 반응한다는 이론 역시 이와 같은 실험 결과를 배경으로 하고 있다.

사람의 몸은 70퍼센트가 물로 이루어져 있다. 우리 몸의 대부분을 차지하고 있는 물이 부정적인 말이나 아픔이 되는 말을 듣고 일그러진 형태로 변한다면 결국은 우리 몸이 건강하지 못한 형태로 변형되고, 그 안에 깃들어 있는 영혼까지 부정적인 영향을 받게 될 것이 분명하다. 비난을 들었을 때의 몸과 칭찬을 들었을 때의 몸은 비교해서 생각해 본다면 한마디의 말이 사람의 인생에 얼마나 중대한 영향으로 기록될지를 어렵지 않게 짐작할 수 있다. 기억은 상처를 잊어도 마음에 새겨진 상처는 지워지지 않는 이유가 바로 여기에 있다.

4. 자녀는 부모가 믿는 만큼 능력을 발휘한다

아이들의 잠재력은 무궁무진하다. 간혹 잘못하는 일이 있더라도 반드시 올바르고 훌륭한 사람이 될 수 있다는 믿음으로 자녀를 대해야 한다.

피그말리온 효과란 자기 성취의 예언, 즉 어떻게 될 것이라는 예언과 기대가 영향을 주어서 결국 그렇게 이루어진다는 것이다. 아이의 능력을 바탕으로 합리적인 기대를 할 때, 학습과 생활 태도에 긍정적 영향을 주게 되고, 자녀의 가슴 속에 의욕의 불꽃을 타오르게 한다는 것이다. "참 잘한다, 놀랍다, 수고 많았다, 역시 네가 최고야, 넌 소중한 존재야" 같은 마음에 힘이 되는 말은, 습관적으로 해대는 잔소리와는 비교도 안 되게 사람을 변화시키는 것이다.

아이들이 홀로서기에 필요한 자신감을 가질 수 있도록 지원하려면, 부모가 아이를 믿고 스스로를 단련할 수 있는 기회를 제공해 주어야 한다. 뒤가 든든한 아이만이 앞으로 나아갈 수 있다고 했다. 부모는 아이를 이끌어 주기보다는 든든하게 뒤를 받쳐 주는 그림자가 되어야 하는 것이다.

5. 백 번 타이르기보다 한 번 들어주는 것이 중요하다

우리 아이들이 부모에게 마음을 열고 다가서지 못하는 데는 다 이유가 있다. 일단 말을 꺼내면 "쓸데없는 생각 하지 말고 공부나 열심히 해라" 하는 훈계가 떨어지고 한 시간이고 두 시간이고 설교가 이어지기 때문이다. 그래서 아이들은 차라리 친구를 택하고, 부모의 감시를 벗어날 수 있는 학교나 학원에서 시간을 보내려 하는 것이다.

아이들이 무언가를 의논할 때는 딱히 답을 원하는 것은 아니다. 아니면 또, 자신의 마음속에 이미 정답이 서 있는데, 그에 대한 확신을 더하고 싶은 것이다. 그런데 부모는 그 마음도 몰라주고 "네가 세상을 잘 몰라서 그러는 건데……" 하면서 일장 연설을 늘어놓는 것이다. 그렇다고 해서 아이들이 귀 기울여 들을 것이라고 기대하면 오산이다. 바로 다음 순간 아이들은 '말 잘못 꺼냈다' 하는 생각을 하며 부모가 뭐라고 하건 자기만의 생각 속으로 빠져든다.

아이들이 말을 걸어올 때는 그냥 들어주자. "그래서, 네 생각은 어떤데?" "엄마도 한번 생각해 볼게" 정도로 대꾸하며 아이들의 이야기를 진지하고 듣고 있음을 표현해 주는 것만으로도 아이들은 만족해한다. 결국 해답은 아이들 자신 안에서 찾게 되겠지만, 결국 아이들은 엄마와 의논하니 일이 쉽게 풀렸다고 생각하게 된다.

6. 대화 분석을 통해 어려움을 이겨내는 힘을 길러 준다

대화는 영혼의 호흡이다. 사람이 마주앉아 서로 눈을 바라보면 대화를 나누는 것만큼 친밀하고 직접적으로 교류하는 방법도 드물다. 대화는 사람의 상처를 치유하며 고통을 견뎌 낼 수 있는

힘을 준다. 또 어려움에 부딪쳤을 때 함께 힘을 합해 이겨 나갈 수 있는 저력이 되며, 인간의 근원적인 외로움을 쓰다듬어 주는 효율적인 사회화의 방편이다.

그러나 대화는 글로 쓰는 것에 비해 즉각적인 데다 퇴고의 과정을 거칠 수 없기 때문에 실수나 오해를 동반하기 쉽다. 또 글처럼 반복해서 읽음으로써 이해의 깊이를 더할 수도 없다. 이럴 때는 서로의 대화를 그대로 적어보고 돌이켜보면 도움이 된다. 이런 과정을 통해 대화의 어느 부분에서 잘못 시작되었는지 알 수 있고, 대화의 훈련을 하게 된다. 부모가 아무리 좋은 의도로 이야기해도 자녀가 이를 기꺼이 받아들여 진정으로 따르지 않으면 효과가 없듯이, 돌이켜보지 않는 대화는 쉽게 고쳐지지 않고 향상되지 않는다.

7. 자녀가 받아들이고 소화할 수 있도록 차분히 설명한다

아이들은 아직 경험이 부족하고 부모의 상황에 대한 이해가 부족하며 자신의 욕구를 조절할 수 있는 능력이 부족하기 때문에 황당한 요구나 무리한 부탁을 해오는 경우가 종종 있다. 이럴 때 부모들은 어이없어 하며 코웃음을 치는 경우가 많다. "네 나이가 몇인데 아직도 그렇게 정신을 못 차리냐"며 아이들을 나무란다.

또 반대로 아이의 기를 살려준답시고 원하는 모든 것을 다 해 주는 경우도 있다. 그러나 이 역시 좋은 대응 방법은 아니다. 바깥세상에선 가정에서처럼 아이의 욕구를 모두 충족시켜 주지 못할 것이 자명하기 때문이다. 이럴 때 아이들은 좌절하거나 폭력적으로 변한다.

부모는 아이의 요구를 명확히 파악해서 그 가부를 결정해야 한다. 아이에게 꼭 필요한 일이라면 다소 어렵더라도 시도해 보는 것이 현명하며, 받아들일 수 없는 부당한 요구라면 단호히 거절해야 한다. 이때는 반드시 왜 허용할 수 없는지를 차분하고도 명확하게 설명해야 한다. 그러지 않으면 아이들은 그 일이 어려운 일이었다고 판단하고 절제하기보다는 부모가 안 해줬다고만 생각하고 불만을 갖게 된다. 다소 어려운 말이라도 괜찮다. 아이도 제 나름대로 이해하는 방법이 있으니 최대한 알아듣기 쉽게 설명해 주어야 한다.

8. 자녀는 부모가 모범을 보이는 대로 배운다

아이들은 말보다 행동에서 더 쉽게 배운다. 부모가 하루 종일 전화로 수다를 떨면서 아이에겐 전화비 아끼라고 한다면 당연히 설득력이 없다. '나는 어른이니까 되고, 너는 아직 어리니까 안 된다'란 이유만큼 반발심을 불러일으키는 말도 없다. 아이들은 자신도 친구와 통화할 만큼은 충분히 컸다고 생각하고, 부모가 쓸데없는 수다로 전화요금을 낭비하고 있다는 비판도 할 줄 안다.

아이는 부모의 거울이라고 했다. 아이의 행동을 보면 부모의 모습이 보인다는 이야기다. 아이가 잘못된 행동을 할 때 혹시 부모가 먼저 시범을 보인 것은 아닌지 돌아보아야 한다. 아이에게 책 읽는 습관을 만들어 주고 싶다면 어려서부터 부모가 독서하는 모습을 보여 주어야 하고, 아이가 규칙적으로 생활하고 운동으로 자기 몸을 관리하게 가르치고 싶다면, 부모가 아침 일찍 일어나 운동으로 하루 일과를 시작하는 모습을 보여 주는 것만큼 좋은 방법이 없다.

9. 잘못한 뒤 벌하기보다 사전에 방향을 제시해 준다

아이들의 문제 행동을 교정할 때는 이미 잘못이 행해진 다음에 체벌을 가할 것이 아니라, 미리 올바른 방향을 제시해 줌으로써 아이들이 잘못을 저지르지 않도록 가이드라인을 제공해 주는 것이 좋다. 어떤 행동이 옳고 그른지 울타리를 명확히 제시해 주어야 문제를 예방할 수 있기 때문이다.

아이들에게는 부모가 원하는 것이 무엇이고, 부모가 무엇을 소중하게 생각하며 살아가는지 알리고 숙지시킴으로써 가정의 가치관과 규칙을 각인시킬 필요가 있다. 아이들의 행동 방향과 생활에 대해서도 사전에 서로 약속을 분명히 한 다음, 이를 지키지 못했을 경우에는 자신의 잘못을 수긍하고 인정했을 때 벌을 주어야 교육 효과가 있다.

일관성 있는 기준이 없이 부모의 기분에 따라 그때그때 가치 기준이 변한다면 올바른 자녀 교육을 기대할 수 없다. 이럴 때 아이들은 부모의 눈치만 살피게 된다. 부모가 기분이 좋으면 자기 마음대로 행동하고, 부모가 언짢은 것 같으면 비위를 맞추려 든다. 또 부모의 눈에 띄지 않는 곳에서는 아무런 죄의식 없이 규범을 어기기도 한다.

일관성 있는 교육은 부부간에도 합일을 이루어야 한다. 아버지가 금지한 일을 어머니가 허락해 준다면 아이는 어머니의 그림자 속으로만 숨으로 들 것이다. 또 규범을 정할 때는 신중에 신중을 기해야 하지만, 일단 정한 규범을 어겼을 때는 단호하고 엄격하게 나무랄 줄도 알아야 한다. 약속은 신중하게 해야 하고 한번 한 약속은 무슨 일이 있어도 지켜야 한다는 것도 아이들에게 가르쳐야 할 중요한 덕목이다.

10. 자녀를 독립된 인격체로 존중해 주어야 한다

교사가 학생들을 체벌하는 것은 대체로 교육에 대한 교사 스스로의 기준이 있고, 아이들을 이끌어 그 기준까지 함께 도달하고 싶은 욕구 때문이다. 그 기준에 도달하려면 숙제를 해야 하고, 학업 성취도가 일정 수준에 도달해야 한다. 하지만 아이들이 그 수준에 도달하려는 노력을 하지 않을 때, 교사는 안타까움에 매를 들게 된다.

자식을 대하는 부모도 부모 나름의 기준이 있다. "이건 꼭 해야 한다" 또는 "이런 건 절대 해서는 안 된다" 하는 것들이 있다. 그런데 이 기준은 대체로 부모가 일방적으로 정한 것이 많다. '내 자식이라면 적어도 이 정도는 해야 한다' 는 욕심, '나는 최소한 그런 일은 안 했다' 는 고정관념이 부모의 기대 수준을 높이게 된다. 그러나 부모의 욕구를 있는 그대로 채워 줄 수 있는 아이는 그리 많지 않다. 또 부모의 욕구를 모두 만족시켜 주는 아이가 꼭 바람직하게 잘 성장하고 있다고 볼 수도 없다. 이런 아이들 중에는 아예 자아 개념이 없고 부모의 의견을 마치 자신의 의견인 양 무조건적으로 수용하는 아이들이 많다. 이런 아이들은 매사에 수동적이고 소극적이며 호기심이나 모험심이 없어 변화를 두려워하게 된다.

위험도로 치자면, 부모의 의견이 전혀 수용이 안 되는 아이나 부모의 의견이 100퍼센트 수용되는 아이 모두 비슷하게 높은 수위를 가리키고 있다고 보면 크게 틀리지 않다. 부모의 기준에 아이가 도달하지 못할 경우, 부모들은 화가 나서 거친 말을 쏟아붓게 된다. 이 말의 상처는 아이들의 마음에 생각보다 큰 생채기를 남기는데, 상처가 쌓이면 아이들은 부모를 불신하게 되고, 자신을 억압하는 상대로 인식하게 된다. 가급적 부모와 안 마주치려 하고 자신의 독립성과 자존감을 체감할 수 있는 또래집단에만 안주하려 한다. 아이들이 가정을 벗어나 친구들과만 어울리려는 성향을 보인다면 부모의 교육 태도를 점검해 봐야 한다. 이제 아이에게 한 걸음 양보해 기대 수준을 낮춰 주어야 한다. 또한 아이가 판단하는 스스로의 능력과 성향을 잘 들어 이해하고 존중해 주어야 한다.

부모는 아이라는 밭을 일구는 농부

험한 세상에서 행복한 가정을 일구며 살아가기 위한 방법은 많지만, 그중에서도 가장 지혜롭고 현명한 방법은 칭찬하며 사는 것이다.

네모진 그릇에 물을 담으면 네모난 물이 되고 둥근 그릇에 물을 담으면 둥근 물이 된다. 그러나 물은 그 그릇이 크건 작건, 깨끗하건 더럽건, 모양이 예쁘건 평범하건 불평하지 않는다. 그릇의 모습을 있는 그대로 인정하고 오히려 자신의 몸을 바꿔서 그릇에 적응한다.

칭찬을 자연스럽게 생활화하기

칭찬도 물과 같아야 한다. 물이 제 모양을 미리 정해 놓고 거기에 맞는 그릇을 찾는다면 맞는 그릇을 찾는 일이 쉽지 않을 것이다. 칭찬 역시 그 기준을 미리 정해 놓고 거기에 맞는 것을 칭찬하려고 한다면 칭찬할 사람도, 칭찬할 내용도 만나기 힘들 것이다. 칭찬은 윗사람이 아랫사람에게 하는 것이니까 아랫사람이 윗사람에게 하면 예의에 어긋난다고 생각할 필요도 없다. 칭찬에는 위와 아래가 없는 것이다. 윗사람에게 칭찬하는 것을 부끄러워하거나 쑥스러워할 필요도 없다. 또 나는 열심히 칭찬했는데, 창피한 것을 무릅쓰고 칭찬했는데, 자존심을 버리고 칭찬했는데 상대방의 반응은 왜 이렇게 시원치 않을까 실망하지도 말자. 칭찬을 하는 사람은 칭찬만 하면 되는 것이지, 꼭 상대방이 내가 원하는 반응을 주어야 칭찬이 완성되는 것이 아니기 때문이다.

벼도 모내기를 하고 나면 때를 기다려야 열매를 맺고 추수하는 것처럼, 칭찬의 씨앗을 뿌렸으면 이제는 넉넉한 마음으로 때를 기다리는 인내가 필요하다. 콩 심은 데 콩 나듯, 칭찬을 심으면 칭찬의 열매를 거두게 되어 있다. 주변 사람을 칭찬으로 챙겨서 칭찬 세상을 만드는 세상의 농부가 되어 보자. 논밭에 씨를 뿌리고 열심히 가꿀 때 풍년을 바라볼 수 있는 것처럼, 가족들에

255

게 칭찬을 나누고 기뻐할 때 화목한 가정을 바라볼 수 있다.

칭찬이 습관이 되면 내가 내 삶의 주인공이 되어 주도적으로 생활을 이끌어 가고 있음을 발견할 것이다. 주변에 있는 모든 사람들이 소중해질 것이고, 더불어 살아가는 세상의 기쁨을 만끽하게 될 것이고, 희망이 살아 숨쉬는 세상 속에 있는 나를 발견하게 될 것이다. 이 과정을 도와주는 것이 바로 '칭찬일기' 다. 학교에서 수업을 하고 집에 와서 복습하는 사람이 공부를 더 잘할 수 있는 것처럼, 칭찬일기 기록을 하면서 칭찬을 하다 보면 칭찬의 기술이 다른 사람들보다 훨씬 빠르게 향상되는 것을 알게 된다. 칭찬일기를 쓰면서 '이 상황에서 왜 그렇게 말했을까' 또는 '그때 이렇게 칭찬했으면 더 좋았을 걸' 하면서 되돌아보고 반성할 수 있기 때문이다. 이렇게 칭찬의 기술을 발전시켜 나가다 보면 어느새 내 마음 속에 있던 불만이 만족으로 변하고 짜증이 웃음으로 바뀌고 힘든 인생이 즐거운 인생으로 변화되어 있음을 느끼게 될 것이다.

어김없이 돌아오는 칭찬의 메아리

우리는 이제 학습을 통해 칭찬이 얼마나 중요한가를 알게 되었다. 하지만 학습된 것을 행동으로 옮기는 것이 그리 쉬운 일만은 아니다. 특히 나서지 않는 것을 미덕으로 여기는 우리나라의 문화에서는 마음에 담은 것을 밖으로 표현하는 것에 대한 훈련이 부족한 것이 사실이다. 그래서 칭찬일기를 통한 칭찬 훈련이 더욱 빛을 발하는 것 같다. 어려운 일도 아니다. 그저 네 줄짜리 짤막한 일기 하나 기록하면 그만이다. 그것만으로도 칭찬에 대한 의지와 결단이 굳어짐을 느낄 수 있다.

사랑이 담긴 칭찬을 하면 죽어 가던 식물도 살아난다고 한다. 칭찬을 들으면 '할 수 있다' 는 자신감이 생기고, '하고 싶다' 는 성취 욕구가 생긴다. 일상의 피로에 젖어 사는 부모들도 마찬가지로, 가끔은 포근한 휴식처가 필요한 인간이다. 자식들이 부모를 칭찬하는 것은 부모에게 안락한 휴식처를 선물하는 것과도 같다. 칭찬을 하면서 부모를 이해하고 관심을 가지고 결과적으로 가족간의 대화를 찾고 서로 간의 신뢰와 행복을 찾아가게 된다. 칭찬은 더 이상 누가 누구에게 해야 한다는 대상이 문제가 아니다. 사회의 가장 중요한 구성 요성인 가정에서, 그것도 부모와 자식이라는 틀이 아닌 한 인격체가 다른 인격체를 칭찬함으로써 서로에게 신뢰감을 형성하고 자신감을 부여하는 즐거운 대화다. 나아가, 칭찬을 통해 보다 화목한 가정을 만들어 감으로써 우리 사회 전체에 영향을 주게 될 것이다.

칭찬이 쌓이면서 노력이 쌓이고 성취가 쌓이고 성공이 쌓인다. 음식을 통해 몸이 자라듯, 칭찬을 통해 마음이 자라는 것이다. 시기에 적절한 칭찬 한마디는 생각을 바꾸게 하고, 생각은 행동을 바꾸고, 행동은 습관을 만들고, 좋은 습관은 운명을 결정한다. 칭찬은 운명을 바꾸는 위대한 힘의 원천인 것이다.

실전부록

초급자용 칭찬매뉴얼

칭찬을 하기로 마음먹었다 하더라도 칭찬에 익숙하지 않은 사람들은 어떻게 칭찬해야 하는지, 무엇을 칭찬해야 하는지 막연해 한다.

이제 막 칭찬하며 살기로 마음먹은 칭찬초보자들을 위해 칭찬매뉴얼을 10가지로 정리해 보았다.

1. 사실대로, 진심으로 칭찬하되 좋은 방향으로 표현한다

있는 상황을 그대로 말해 주되 마음에 힘이 되는 말로 상대방이 좋은 감정을 갖도록 말해 준다. 칭찬은 마음이 전달되는 것이고, 사랑이 전달되는 것이기 때문에 칭찬을 할 때는 진심으로 해야 한다. 진심 어린 칭찬은 눈빛을 타고 흘러가는 것이다.

- 엄마 손이 참 따뜻해요. 마음이 따뜻해서 그런가 봐요.
- 엄마 아빠 같이 걸어가시는 모습이 참 보기 좋아요.

- 아빠가 청소하시니까 집이 너무 깨끗해요.

- 친구처럼 제 이야기를 잘 들어주시는 아빠가 너무 좋아요.

- 우리 가족을 위해 열심히 일하시는 아빠가 자랑스러워요.

- 엄마, 내가 엄마 사랑하는 거 알지?

2. 마음이나 존재감 등 인격적인 내용을 칭찬한다

누군가를 만났을 때 "덕분에 좋은 시간이 되었다"면서 상대방의 존재감이나 소중함을 표현해 주면서 헤어지는 것도 좋은 칭찬이다. 상대방을 칭찬하면 상대방에 대한 존중감이 생기게 되고, 자신을 돌아보며 자신의 모습 속에서 소중함을 발견하게 된다.

- 제 곁에는 엄마 아빠가 계셔서 힘들지 않아요.

- 바쁜 시간을 쪼개 외식을 시켜 주시는 아빠가 있어 행복합니다.

- 아버지가 계시는 그 자체가 사랑스럽습니다.

- 아빠, 언제 오세요? 아빠가 안 계시니까 집이 쓸쓸해요.

- 항상 가정을 위해 힘쓰시는 아빠가 자랑스러워요.

- 엄마 아빠가 제 편이라는 게 너무 감사해요.

3. 같은 내용을 칭찬할 때는 표현을 다르게 한다

칭찬을 할 때는 다른 사람의 노력을 인정해 주되 여러 가지 표현으로 해주어야 한다. 상대방의 표정이나 옷차림, 작은 행동의 변화까지도 주의 깊게 살펴보고 평범한 말로 자주 표현을 하되 다양한 표현을 쓰도록 노력해야 한다. 특히 적극성과 의욕을 높이 평가하는 말을 사용하면 좋고, 다른 사람의 사소한 변화라도 눈에 보이지 않는 노력을 찾아 표현해 주면 더욱 좋다. 떡볶이를 하나 칭찬하더라도 얼마든지 다양한 표현으로 칭찬할 수 있다.

- 떡볶이가 맛있어요. 분식점 하나 차리세요.
- 떡볶이의 냄새부터가 달라요.
- 떡볶이가 새콤한 맛이 나서 더 맛있어요.
- 떡볶이가 사 먹는 것보다 더 맛있어요.
- 떡볶이에서 엄마의 정성이 느껴져요.

4. 시기에 적절하게 분위기를 맞추어 칭찬한다

맞춤옷이 보기에도 좋고 몸에도 편한 것처럼, 시기에 적절하고 분위기에 딱 맞는 칭찬을 해주면 효과 만점이다. 무턱대고 아무 말이나 툭툭 내뱉는 칭찬은 그 가치를 제대로 살릴 수 없다. 효과적인 칭찬을 위해서는 상황을 파악하는 재치가 몸에 배야 하는데, 무슨 말을 하든지 한 번 더 생각해보고 말하는 훈련을 하면 칭찬 재치를 올릴 수 있다.

- 역시 옷 입는 감각이 있으세요.
- 아빠, 엄마 힘들 때 안마해 주는 모습이 참 좋아요.
- 집안일에 참여하시는 아빠의 모습이 정말 좋아요.
- 엄마와 다정스런 모습을 보이시는 아버지는 사랑이 넘치시는 것 같아요.
- 두 분이 앉아서 대화하는 모습이 너무 보기 좋아요.

5. 어려운 상황일수록 더욱 칭찬한다

세상이 각박해질수록, 분위기가 침울해질수록, 앞길이 막막할수록 칭찬을 해야 한다. 칭찬은 사람을 기분 좋게 만들고, 다른 사람에 대해서 넉넉한 마음을 갖게 하고, 배려하는 마음을 갖게 한다. 칭찬은 마음을 건강하게 만들고 다시 일어설 수 있는 힘을 불어넣기 때문에 어려운 상황을 잘 견딜 수 있게 해준다.

- 아빠 많이 힘든가 보네. 우리 가족을 위해 열심히 일해 주셔서 감사해요.
- (화내실 때) 염려해 주시는 엄마가 계셔서 감사해요.
- (혼날 때) 제가 바른 길을 가도록 이끌어 주신 아버지께 감사드려요.
- 사무실에서 그만 주무시고 집에 오세요. 아빠가 있어야 좋아요.
- 아빠, 힘드셔서 술 드셨나 봐요. 푹 쉬세요.
- 나 힘들 때 엄마가 같이 힘들어 해줘서 이젠 괜찮아.

6. 결과보다는 행동의 과정을 칭찬한다

상대방을 인정하고 아이디어를 높이 평가해 주고 결과뿐만 아니라 이루어져 가는 과정과 노력에 대해 박수를 쳐주는 것이 좋은 칭찬이다. 좋지 않은 결과가 나왔다 하더라도 행동의 과정이 훌륭했다면 이는 칭찬을 듣기에 마땅한 것이다.

- 물어보면 언제나 친절하게 대답해 주셔서 참 좋아요.
- 재미있는 비디오를 같이 볼 때 기분 좋아요.

- 남의 일도 자기 일처럼 생각하고 잘 도와주셔서 멋지세요.

- 때로는 저와 장난치며 웃고 즐기는 아버지가 자랑스러워요.

- 야구 경기에서 같이 열광하는 아버지가 정말 멋져 보여요.

7. 칭찬할 일이 생겼을 때 즉시, 구체적으로 칭찬한다

다른 사람의 행동을 주의 깊게 바라보다 칭찬받을 일이 생기면 곧바로 칭찬하는 것이 좋다. 상대방의 마음 상태까지 완벽히 헤아려 가면서 너무 심사숙고해 칭찬하려 하면 칭찬의 때를 놓치고 실수하기가 쉽다. 좋은 행동이 일어날 때는 그 행동의 결과를 기다리지 말고 즉시 행동하는 과정을 자연스럽게 말해 주는 것이 중요하다. 머뭇거리다 보면 칭찬의 시기를 놓치게 되고 효과도 떨어지게 된다. 또 막연한 칭찬은 듣는 사람에게 오해를 불러일으킬 수도 있으므로 구체적인 행동을 묘사하면서 좋게 말해 주는 지혜가 필요하다.

- 번거로우실 텐데도 저희를 위해 담배를 밖에서 피우셔서 감사해요.

- 엄마는 갈비를 진짜 잘 뜯는다. 한번 홈쇼핑에 나가 봐.

- 모르는 거 친절하게 설명해 주서서 이해가 잘 돼요.

- 아빠 이발하셨네요. 이미지 정말 좋은데요? 멋져요.

- 엄마는 웃는 얼굴이 너무 예뻐요.

- 엄마가 친구들한테 잘해 주서서 친구들이 좋아했어요.

- 아빠, 바쁘신데 이렇게 데리러 오셔서 너무 고마워요.

- 제 의견을 듣고 따라 주서서 감사해요.

8. 전화나 사소한 배려가 담긴 행동으로 칭찬한다

서로가 바빠 얼굴을 대하기가 쉽지 않을 때는 전화나 메모 등으로 나누어 칭찬을 시도해 보는 것도 좋다. 이런 방법도 마주보고 하는 칭찬 못지않게 감동적인 결과를 만들어 낸다. 뜻하지 않았던 전화, 메모, 뽀뽀, 심부름, 청소 같은 작은 행동들이 부모에게는 감동을 전해 준다.

- 엄마! 나 엄마 생각나서 핀 샀어요. 잘했지요?

- (꼭 끌어안으며) 할머니가 없으니까 집이 텅 빈 것 같고 너무 허전했어요.

- 엄마, 힘드시죠? 제가 주물러 드릴게요.

- (볼에 뽀뽀를 하며) 엄마 아빠, 안녕히 주무세요.

- 아빠, 힘드시죠? 제가 도와드릴게요. 우리 아빠는 대단해요.

9. 장점을 찾아 극대화하고, 단점도 긍정적으로 표현한다

상대방의 단점을 고쳐 주려고 애쓰기보다 장점을 찾아 칭찬해 주는 데 그 에너지를 써야 한다. 더 나아가 단점 속에서 장점을 찾아보는 것이 더욱 의미 있다. 칭찬은 상대방의 결점을 감추고 장점을 겉으로 드러내 주는 것이다. 비록 단점이라 하더라도 그 단점을 긍정적으로 표현하면 멋진 칭찬이 될 수 있다. 장점을 칭찬해 주면 단점이 보완되고 극복되는 신비로운 일이 생긴다. 열 마디의 질책보다는 한 마디의 칭찬이 사람을 더 많이 변화시킨다.

- 화를 안 내셔서 너무 좋아요.

- 자유롭게 생활하도록 해주시는 아버지가 좋아요.

- 성적이 떨어졌는데도 짜증 안 내고 격려해 주셔서 고마워요.

- 아빠 욕 많이 들었는데, 하도 들으니까 욕하는 것도 멋있어.

- 매일 짜증내는데도 깨워 주셔서 고마워요, 엄마.

10. 상대방을 보면서 자연스럽게 표현하고 반응도 살핀다

칭찬은 너무 멋지거나 과장되게 하려 들면 오히려 이상해진다. 그냥 있는 그대로를 좋게 표현해 주는 것이 가장 자연스럽고 좋은 칭찬이다. 하지만 자연스럽게 칭찬한다고 해서 기분 내키는 대로 칭찬하라는 것이 아니다. 거짓 없는 진실한 마음으로 잘한 점을 표현하되, 칭찬에 대한 상대방의 얼굴 표정이나 행동 반응에 주의하면서 칭찬하라는 얘기다.

- 엄마가 이렇게 제 손을 잡아 주니까 좋아요. (엄마가 꽉 안아 주셨다.)

- (싸운 후) 엄마, 항상 너무 죄송하고 고맙습니다. (둘이 껴안고 울었다.)

- (아빠가 아프실 때) 아빠, 이거 드시고 힘내세요. (아픈 목소리로 "그래 역시 내 아들이야. 고맙다" 하셨다.)

- (엄마가 TV 보다가 우실 때) 엄마의 그 따뜻한 마음이 보기 좋아요. (울다가 피식 웃으셨다.)

우리 가족 칭찬일기

실천 일정과 과제

- 실천 기간 : 2개월(1주일에 3번 기준)

- 실천 방법 : 우리 가족 30번 칭찬하기

날짜	월 일 요일 (번째)
칭찬의 상황은?	
칭찬한 말은?	
부모님의 반응은?	
오늘 칭찬 활동에 대한 나의 생각은?	

칭찬 활동 시 유의 사항

1. 세심하게 관찰하여 칭찬거리를 만든다.

2. 칭찬에 대한 보상이나 즉각적인 변화를 요구하지 않는다.

3. 칭찬일기는 비밀일기처럼 가족들이 모르게 적는다.

4. 칭찬 예시를 변형해서 활용하고, 표현 문장을 익혀 둔다.

나의 칭찬활동 평가노트

1. 칭찬을 하면서 우리는 여러 가지 보상을 받게 됩니다. 내가 받은 보상을 눈에 보이는 것과 눈에 보이지 않는 것으로 나누어 찾아보고 구체적으로 적어 봅시다.

1) 눈에 보이는 보상

-
-
-

2) 눈에 보이지 않는 보상

-
-
-

2. 내가 쓴 칭찬일기를 돌이켜보면서 마음에 쏙 드는 칭찬
   일기나 정말 재미있는 칭찬일기는 어떤 것인지 5개만 선
   정해 봅시다.

3. 칭찬을 하기 전과 후를 비교해 보니 우리 가정은 어떤 것
   이 달라졌습니까?

4. 가장 기억에 남는 감동적인 경험으로는 어떤 일을 꼽을
   수 있습니까?

5. 칭찬 활동을 통해 느낀 점을 가족에게 보내는 편지 형식
   으로 적어 보세요.